Herbert Goering

Asymptotische Methoden
zur Lösung von Differentialgleichungen

REIHE WISSENSCHAFT

Herbert Goering

Asymptotische Methoden zur Lösung von Differentialgleichungen

---

Mit 9 Abbildungen

Springer Fachmedien Wiesbaden GmbH

Verfasser:
Prof. Dr. Herbert Goering
Technische Hochschule „Otto von Guericke" Magdeburg

CIP-Kurztitelaufnahme der Deutschen Bibliothek

Goering, Herbert
Asymptotische Methoden zur Lösung von
Differentialgleichungen. — 1. Aufl.
(Reihe Wissenschaft)
ISBN 978-3-528-06827-1   ISBN 978-3-663-14228-7 (eBook)
DOI 10.1007/978-3-663-14228-7

1977

Lizenzausgabe für

ISBN 978-3-528-06827-1

Vorwort

Das vorliegende WTB stellt eine Einführung in die Theorie der asymptotischen Methoden zur Lösung von Differentialgleichungsproblemen dar. Mit den Grundfragen dieser Problematik beschäftigte man sich bereits in der zweiten Hälfte des vorigen Jahrhunderts. In den letzten 20 Jahren haben wichtige Anwendungsfälle der Physik und Technik das Studium der asymptotischen Methoden wieder in den Mittelpunkt des Interesses gerückt und Anlaß zur Ausarbeitung einer nunmehr anwendungsreifen Theorie gegeben. Zur stärkeren Nutzung dieser Methoden kommt es gegenwärtig darauf an, sie in ihren Grundzügen einem breiteren Kreis von Anwendern zugänglich zu machen. Diese Aufgabe soll das WTB erfüllen. Es wendet sich daher vorwiegend an in der Praxis tätige Ingenieure, Physiker und Mathematiker. In der Ausbildung kann es zur Gestaltung von Seminaren dienen.

Da die exakte Lösung von Differentialgleichungen nur in Sonderfällen gelingt, besitzen die Näherungsmethoden eine große Bedeutung. Im wesentlichen unterscheidet man numerische und asymptotische Näherungsmethoden. Bei der angenäherten Lösung von Differentialgleichungsproblemen haben sich die numerischen Methoden im allgemeinen bewährt. Benutzt man sie jedoch zur approximativen Berechnung der Lösungen von Differentialgleichungen in Umgebung von Singularitäten, so werden sie meistens instabil. Bei derartigen Problemen sind die asymptotischen Näherungsmethoden geeigneter.

Aus methodischen Gründen wurde eine der Zielstellung dieses WTB entsprechende einfache Darstellung gewählt. So werden einige komplizierte Methoden am konkreten Beispiel erläutert. Vorausgesetzt wird nur das mathematische Wissen der Grundausbildung. Zur Erinnerung werden im Anhang einige Tatsachen aus der Theorie der Differentialgleichungen und der Matrizenrechnung zusammengestellt. Beweise werden bewußt nur dann skizziert, wenn sie für den Aufbau asymptotischer Lösungen bzw. zur Herleitung von Fehlerabschätzungen konstruktiven Charakter haben. Alle im WTB vorkommenden Funktionen werden als hinreichend oft differenzierbar vorausgesetzt.

Zur Anregung für die mathematische Modellierung weiterer asymptotischer Prozesse werden am Anfang einige Standardfälle der Anwendung asymptotischer Methoden zusammengestellt. Infolge des geringen zur Verfügung stehenden Volumens eines Taschenbuches kann die vollständige asymptotische Lösung dieser Probleme hier nicht behandelt werden. Jedoch wird der Leser nach dem Studium dieser Einführung in der Lage sein, die weiterführende im WTB zitierte Spezialliteratur zu verstehen.

Für wertvolle Hinweise bei der Abfassung dieses WTB danke ich meinen Kollegen Dr. HANS JÖRG ROOS und Dipl.-Math. LUTZ TOBISKA.

Magdeburg, den 1. 5. 1976   HERBERT GOERING

Abkürzungskatalog

AB   — Anfangsbedingung
APR — Asymptotische Potenzreihe
AWP — Anfangswertproblem
CP   — Charakteristisches Polygon
DGL — Differentialgleichung
EW   — Eigenwert
EWP — Eigenwertproblem
GAL — Globale asymptotische Lösung
RB   — Randbedingung
RWP — Randwertproblem

Inhaltsverzeichnis

1. Asymptotische Prozesse

Zur Motivation der Thematik dieses WTB betrachten wir zunächst einige Anwendungsfälle asymptotischer Methoden. Eine DGL mit einem kleinen Parameter ε, die für $\varepsilon \to 0$ ihre Struktur ändert (z. B. Erniedrigung der Ordnung, Änderung des Typs, wie elliptisch $\to$ hyperbolisch, partiell $\to$ gewöhnlich, nichtlinear $\to$ linear, singulär $\to$ regulär, periodisch $\to$ aperiodisch) bezeichnen wir im folgenden als asymptotisches Modell. Einen realen Prozeß nennen wir dann asymptotisch, wenn er bei der mathematischen Formulierung auf ein asymptotisches Modell führt.

Ein Standardbeispiel hierfür stellt die Umströmung eines Körpers durch ein Strömungsmedium mit geringer Zähigkeit (Luft, Wasser) dar, die durch die NAVIER-STOKESschen DGL mathematisch beschrieben wird. Beschränken wir uns auf den ebenen Fall und setzen für die Geschwindigkeitskomponenten

$$u = \frac{\partial \psi}{\partial y}, \qquad v = - \frac{\partial \psi}{\partial x}$$

mit einer Stromfunktion $\psi = \psi(x, y)$, so gilt

$$\frac{\partial \Delta \psi}{\partial t} + \frac{\partial \psi}{\partial y} \frac{\partial \Delta \psi}{\partial x} - \frac{\partial \psi}{\partial x} \frac{\partial \Delta \psi}{\partial y} = \nu \Delta \Delta \psi.$$

Dabei ist ν die Zähigkeit des Strömungsmediums und Δ der LAPLACE-Operator. Für Strömungen mit geringer Zähigkeit ν besteht das mathematische Modell aus einer DGL 4. Ordnung mit einem kleinen Parameter ν bei der höchsten Ableitung, d. h., es liegt ein asymptotisches

Modell vor. Bei der mathematischen Behandlung derartiger Strömungen ist es naheliegend, das Glied $\nu \Delta \Delta \psi$ zunächst völlig zu vernachlässigen. Dabei erniedrigt sich die Ordnung der DGL auf 3. Zur eindeutigen Lösung des Umströmungsproblems müssen die Lösungen der DGL noch zusätzliche Randbedingungen erfüllen. Unmittelbar an der Berandung des Körpers müssen die Geschwindigkeitskomponenten u, v verschwinden (Haftbedingungen). Außerdem müssen die Geschwindigkeitskomponenten u, v der durch das Einbringen des Körpers in das Strömungsfeld modifizierten Strömung bei unbegrenzt wachsender Entfernung vom Körper gegen die entsprechenden Komponenten der Anströmung streben. Es zeigt sich, daß man mit den Lösungen der reduzierten DGL ($\nu = 0$) die Haftbedingungen nicht erfüllen kann und demzufolge die völlige Vernachlässigung der Zähigkeit für die mathematische Beschreibung realer Strömungen ungeeignet ist.

In seiner fundamentalen Arbeit [1] zeigte L. PRANDTL einen Weg zur mathematischen Behandlung derartiger Probleme. Er wies nach, daß es für geringe Zähigkeiten genügt, die Zähigkeit nur in einer dünnen, den Körper unmittelbar umgebenden Schicht, der sogenannten Grenzschicht, zu berücksichtigen und im Außengebiet die Zähigkeit zu vernachlässigen.

Diese Grundidee war der Ausgang für den Aufbau einer Theorie, der sogenannten Grenzschichttheorie (vgl. H. SCHLICHTING [2]). Innerhalb der dünnen Grenzschicht konnten die NAVIER-STOKESschen DGL durch vereinfachte Grenzschichtgleichungen ersetzt werden, die sich durch Variablenstreckung und Re $\to \infty$ (Re Reynoldszahl) aus den NAVIER-STOKESschen DGL ergeben. Mit den Lösungen dieser Grenzschichtgleichungen können die Haftbedingungen erfüllt werden. Um eine Lösung für das gesamte Strömungsgebiet zu erhalten, sind beim Übergang von der Grenzschicht zum Außengebiet entsprechende Übergangsbedingungen zu erfüllen.

Nach dem Vorbild der PRANDTLschen Grenzschichttheorie beschäftigten sich anschließend zahlreiche Wissenschaftler mit der mathematischen Modellierung asymptotischer Prozesse. Eine Zusammenstellung dieser Ergebnisse findet man bei K. O. FRIEDRICHS [3], M. VAN DYKE [4] und J. D. COLE [5]. Zur Abrundung der Vorstellungen über die Besonderheiten asymptotischer Prozesse skizzieren wir im weiteren noch einige typische Anwendungsfälle asymptotischer Methoden.

1.1. Hydrodynamische Stabilität

Läßt man aus einem Gefäß durch ein Glasrohr mit Farbe geimpfte Flüssigkeit ausströmen, dann ziehen sich die Farbfäden anfangs ungestört durch das Rohr, bis nach einer gewissen Zeit eine ungeordnete Bewegung beginnt. Es findet ein Umschlag von der laminaren in die turbulente Strömungsform statt. Zur mathematischen Behandlung dieses Umschlags laminar-turbulent überlagert man einer laminaren Grundströmung $U(y)$ eine periodische Strömungsbewegung, deren Stromfunktion in der Form

$$\psi(x, y, t) = \varphi(y)\, e^{i\alpha(x-ct)}$$

angesetzt wird. Je nachdem, ob mit wachsender Zeit die Amplitude der Störungsbewegung ab- oder zunimmt, ist die laminare Grundströmung stabil oder instabil. Setzt man die Störungen als hinreichend klein voraus, so daß eine Linearisierung gerechtfertigt ist, so erhält man für ein homogenes Medium aus den NAVIER-STOKESschen DGL die für die hydrodynamische Stabilität grundlegende ORR-SOMMERFELDsche DGL

$$\frac{1}{\mathrm{Re}}\,\varphi^{(4)}(y) -$$

$$i\alpha\,\{[u(y) - c]\,\varphi''(y) - [\alpha^2(u(y) - c) + u''(y)]\,\varphi(y)\} = 0$$

die unter den RB

$$\varphi(y_w) = \varphi'(y_w) = \varphi(\infty) = \varphi'(\infty) = 0$$

zu lösen ist. Da der Umschlag laminar-turbulent bei großen REYNOLDS-Zahlen erfolgt, hat man in mathematischer Hinsicht ein EWP mit einer DGL zu lösen, die bei der höchsten Ableitung einen kleinen Parameter enthält.

Die gleiche Problematik führt auch bei thermisch geschichteten Strömungen auf ein ähnliches asymptotisches Modell (vgl. SCHLICHTING [6]). Von H. G. Roos [7] wurde hierzu ein asymptotisches Fundamentalsystem hergeleitet.

1.2.　*Die Abmessung einer Dimension ist klein*

Ist bei einem physikalischen Problem die Abmessung einer Dimension im Verhältnis zu den übrigen klein, so kann dieses Problem durch Entdimensionierung der entsprechenden Koordinate auf ein asymptotisches Modell zurückgeführt werden. Mathematisch erfolgt hierdurch eine Ersetzung eines n-dimensionalen Problems durch unendlich viele (n − 1)-dimensionale Probleme. Ein typisches Beispiel hierzu ist die Berechnung der Durchbiegung dünner Platten (vgl. A. L. GOLLENWEISER [8]). Legt man ein Material mit HOOKEschem Elastizitätsgesetz zugrunde, so ergibt sich für die Verschiebungen u, v, w und die Elemente des Spannungstensors σ_x, σ_y, σ_z, τ_{xy}, τ_{xz}, τ_{yz} ein System von 9 DGL. Fassen wir die Unbekannten als Komponenten eines Vektors $\boldsymbol{a}$ auf, dann kann dieses System vektoriell in der Form

$$A \frac{\partial \boldsymbol{a}}{\partial x} + B \frac{\partial \boldsymbol{a}}{\partial y} + C \frac{\partial \boldsymbol{a}}{\partial z} + D\boldsymbol{a} = 0$$

mit konstanten Matrizen A, B, C, D geschrieben werden. Die Mittelfläche der Platte wählen wir nun als xy-Ebene, so daß die z-Achse senkrecht auf der Mittelfläche steht. Sei $2\,h$ die Plattendicke, d. h. $z \in [-h, +h]$, dann nutzen wir, daß $h \ll 1$ (d. h. sehr klein gegenüber 1), und führen durch

$$\zeta = \frac{z}{h}$$

eine neue Variabel ζ ein. Mit der Kettenregel geht damit das System über in

$$h\left[A\frac{\partial \boldsymbol{a}}{\partial x} + B\frac{\partial \boldsymbol{a}}{\partial y} + D\boldsymbol{a}\right] + C\frac{\partial \boldsymbol{a}}{\partial \zeta} = 0,$$

d. h. in eine DGL mit einem kleinen Parameter h bei der höchsten Ableitung. Entwickelt man $\boldsymbol{a}$ nach Potenzen des Parameters h, so erhält man eine Ersetzung des dreidimensionalen Problems durch eine Folge von zweidimensionalen Problemen.

Ein weiteres Beispiel hierzu ist die Strömung in einem Flachwasserkanal der Tiefe h. Das Geschwindigkeitspotential einer ebenen Potentialströmung genügt der LAPLACEschen DGL

$$\Delta\varphi = \frac{\partial^2\varphi}{\partial x^2} + \frac{\partial^2\varphi}{\partial y^2} = 0.$$

Wir wählen die Kanalachse als x-Achse und $y \in [0, h]$ Führen wir nun durch

$$\eta = \frac{y}{h}, \quad h \ll 1,$$

eine neue Variable η ein, dann geht $\Delta\varphi = 0$ über in

$$h^2\frac{\partial^2\varphi}{\partial x^2} + \frac{\partial^2\varphi}{\partial \eta^2} = 0.$$

Für $h \to 0$ ändert diese DGL ihren Typ elliptisch $\to$ hyperbolisch, d. h., die Flachwasserströmung wird durch ein asymptotisches Modell charakterisiert.

1.3. Wärmeströmung

Wird ein geheizter Körper der Temperatur T_K von einem Strömungsmedium der Temperatur $T_M(T_M \leqq T_K)$

umströmt, so bildet sich ein Temperaturfeld heraus, das eng mit dem Strömungsfeld verknüpft ist. Beschränkt man sich auf eine ebene stationäre Strömung und auf konstante Stoffwerte, so wird der Zusammenhang zwischen dem Strömungsfeld $w(u, v)$ und dem Temperaturfeld $T(x, y)$ bei Vernachlässigung der Reibungswärme durch die Energiegleichung

$$\varrho c_P \left(u\, \frac{\partial T}{\partial x} + v\, \frac{\partial T}{\partial y} \right) = \varkappa \varDelta T$$

ausgedrückt, wobei ϱ die Dichte, c_P die spezifische Wärme und $\varkappa$ die Wärmeleitfähigkeit bezeichnen. Durch Entdimensionierung geht diese DGL über in

$$u\, \frac{\partial T}{\partial x} + v\, \frac{\partial T}{\partial y} = \frac{1}{\mathrm{Re\ Pr}}\, \varDelta T.$$

Dabei ist Re die REYNOLDS-Zahl und Pr die PRANDTL-Zahl, d. h., es ist

$$\frac{1}{\mathrm{Re\ Pr}} = \frac{a}{u_\infty l}.$$

Für die meisten technisch wichtigen Strömungsmedien ist die Temperaturleitfähigkeit $a \ll 1$, so daß bei mittleren Strömungsgeschwindigkeiten

$$\frac{1}{\mathrm{Re\ Pr}} \ll 1$$

einen kleinen Parameter darstellt; d. h., in diesem Falle stellt die Temperaturverteilung außerhalb des geheizten Körpers einen asymptotischen Prozeß dar. Aus der Sicht des mathematischen Modells wirkt sich die Temperaturerhöhung vorwiegend auf eine dünne, den Körper umgebende Schicht (Temperaturgrenzschicht) aus. In Analogie zu PRANDTL wird das Temperaturfeld in ein Grenzschichtgebiet und ein Außengebiet unterteilt, wobei im Außengebiet das Glied $\varDelta T$ vernachlässigt werden darf. Innerhalb der Grenzschicht kann die Energiegleichung durch eine vereinfachte Temperaturgrenzschichtgleichung ersetzt werden, die man aus der Energiegleichung wieder durch Variablenstreckung und $a \to 0$ erhält. Eine asymptotische Behandlung der Wärmeströmung findet man bei L. Tobiska [9].

1.4. Chemische Reaktionsänderung

Fließt einem isothermen Strömungsreaktor kontinuierlich Reaktionsmasse zu und ein entsprechendes Produkt ab, dann berechnet sich die Konzentrationsverteilung $c(x, y, z, t)$ im Reaktor aus der Stoffbilanzgleichung

$$\frac{\partial c}{\partial t} = -\,\text{div}\,(\boldsymbol{w}c) + \text{div}\,(D\,\text{grad}\,c) + r(c).$$

$\boldsymbol{w}$ Strömungsgeschwindigkeit,
$r(c)$ Reaktionsglied,
D Diffusionskoeffizient.

Beschränken wir uns zur Vereinfachung auf einen stationären Reaktorbetrieb $\left(\frac{\partial c}{\partial t} = 0\right)$ und vernachlässigen die Konzentrationsänderung in radialer Richtung (d. h. $c = c(x)$ mit x als Längsachse des Reaktors), dann reduziert sich die Stoffbilanzgleichung auf

$$D\,\frac{\mathrm{d}^2 c}{\mathrm{d}x^2} - w\,\frac{\mathrm{d}c}{\mathrm{d}x} - r(c) = 0, \quad x \in [0, L],$$

w Geschwindigkeit längs Reaktorachse, L Reaktorlänge.

Mit den dimensionslosen Variablen

$$\xi = \frac{x}{L}, \quad \Gamma = \frac{c}{c_0},$$

c_0 Ausgangskonzentration, ergibt sich

$$\frac{1}{\text{Pe}}\,\frac{\mathrm{d}^2\Gamma}{\mathrm{d}\xi^2} - \frac{\mathrm{d}\Gamma}{\mathrm{d}\xi} - R(\Gamma) = 0$$

mit der PECLET-Zahl $Pe = \dfrac{wL}{D}$. Die zugeordneten RB sind

$$\Gamma(0) - \frac{1}{Pe}\frac{d\Gamma(0)}{d\xi} = 1, \quad \frac{d\Gamma(1)}{d\xi} = 0.$$

In den Fällen geringer Axialvermischung ist $Pe \gg 1$, bei großer Axialvermischung ist $Pe \ll 1$, d. h., in den Fällen geringer bzw. großer Vermischung wird die chemische Reaktionsänderung durch ein asymptotisches Modell beschrieben.

1.5. Rotationsschalen

Rotationsschalen spielen vorwiegend im Behälterbau und im Hochbau bei Dachkonstruktionen eine Rolle. Ihre Mittelfläche entsteht durch Rotation einer Kurve um eine Achse (Schalenachse). Häufig verwendete Rotationsschalen sind Kugelschalen, Kegelschalen und Zylinderschalen. Zur Berechnung derartiger Schalen hat man die Spannungsverteilung und Schnittkräfte unter dem Einfluß einer gegebenen Belastung zu ermitteln. H. REISSNER [10] und E. MEISSNER [11] führten dieses Problem für drehsymmetrische Belastung und konstante Schalendicke h auf ein RWP der DGL

$$L[U] \pm i\mu^2 U = 0 \qquad\qquad (1.1.)$$

zurück. Dabei ist L ein linearer Differentialoperator 2. Ordnung und μ ein Parameter. Insbesondere gilt für Kugelschalen

$$L[U] \equiv \frac{d^2 U}{d\varphi^2} + \cot \varphi\, \frac{dU}{d\varphi} - \cot^2 \varphi\, U,$$

$$\mu^2 = \sqrt{12(1 - v^2)\left(\frac{R}{h}\right)^2 - v^2} \approx \frac{R}{h}\sqrt{12(1 - v^2)}$$

und für Kegelschalen

$$L[U] \equiv y \, \frac{\mathrm{d}^2 U}{\mathrm{d}y^2} + \frac{\mathrm{d}U}{\mathrm{d}y} - \frac{1}{y} \, U,$$

$$\tan \varphi = \frac{y}{R}, \quad \mu^2 = \frac{\tan \varphi}{h} \, \sqrt{12(1 - \nu^2)};$$

R Radius der Breitenkreise; φ Winkel der Schalentangente mit der Normalen der Schalenachse, d. h., für Kegelschalen ist $\varphi = \text{const.}$

Die DGL (1.1) führt man gewöhnlich mit einer geeigneten Substitution auf eine schwachsinguläre DGL zurück und löst dann das RWP mit einem modifizierten Potenzreihenansatz. Es zeigt sich aber, daß diese Potenzreihen für die in der Praxis wichtigen Fälle $\mu \gg 1$ nur sehr langsam bzw. nicht konvergieren. Für $\mu \to \infty$ erniedrigt sich die Ordnung der DGL (1.1), d. h., für $\mu \gg 1$ stellen die Rotationsschalen mit drehsymmetrischer Belastung ein asymptotisches Modell dar. Eine asymptotische Berechnung der Kegelschale findet man bei W. Kremp [12].

1.6. *Relaxationsschwingungen*

Nichtlineare Schwingungen werden häufig durch eine DGL der Form

$$\frac{\mathrm{d}^2 x}{\mathrm{d}t^2} + \omega^2 x = \lambda f\left(x, \, \frac{\mathrm{d}x}{\mathrm{d}t}\right)$$

mathematisch beschrieben. Das bekannteste Beispiel hiervon ist die van der Polsche DGL

$$\frac{\mathrm{d}^2 x}{\mathrm{d}t^2} + \omega^2 x = \lambda(1 - x^2) \, \frac{\mathrm{d}x}{\mathrm{d}t}.$$

Dabei wird der Parameter λ durch die charakteristischen Größen des Schwingungssystems (z. B. Widerstände, Induktivitäten, Kapazitäten) festgelegt. Die Schwingungsform ist abhängig von der Größe dieses Parameters λ. Für $\lambda = 0$ beschreibt die DGL harmonische Schwingungen. Wächst λ, so verzerrt sich die harmonische Schwingungsform immer stärker, während sich die Periode der Schwingungen mit λ vergrößert. Im uns interessierenden Grenzfall $\lambda \gg 1$ beschreibt die DGL Relaxationsschwingungen. Das sind Schwingungen, bei denen innerhalb einer Periode Zweige langsamer Bewegung mit Zweigen sprunghafter Bewegung abwechseln. Diese Schwingungen entstehen vorwiegend bei selbsterregten nichtkonservativen Schwingungssystemen. Einer langsamen Energieaufspeicherung im System folgt eine sprunghafte Energieentladung. Derartige Schwingungen treten beispielsweise in der Elektronik bei Multivibratoren mit einem RC-Glied, bei Dynatrongeneratoren und beim Flattern von Flugzeugtragflügeln und Autorädern auf.

Ein asymptotisches Verfahren zur Berechnung von Relaxationsschwingungen wurde von W. GRAMBOW [13] entwickelt.

1.7. Skineffekt

Wird ein elektrischer Leiter mit großer Leitfähigkeit γ von einem Wechselstrom durchflossen, so entsteht nicht nur außerhalb, sondern auch innerhalb des Leiters ein Magnetfeld. Dieses Magnetfeld bewirkt eine Verdrängung der Stromdichte J gegen die Leiteroberfläche, die mit der Frequenz ω anwächst. Diese Erscheinung bezeichnet man als Skineffekt. Der Strom fließt nur in einer dünnen Grenzschicht der Leiteroberfläche, während das Innere des Leiters fast stromlos ist. Für die Stromdichte liegt also ein schneller Übergang in einer dünnen Schicht vor. Aufgrund der bisher dargelegten asymptotischen Prozesse, die ebenfalls durch schnelle Übergänge in dünnen Schichten charakterisiert wurden, ist zu vermuten, daß auch der Skineffekt mathematisch durch ein asymptotisches Modell beschrieben wird. Aus den MAXWELLschen Gleichungen ergibt sich für jede Komponente u, v, w der Stromdichte J eine DGL der Form

$$\mu\gamma\,\frac{\partial u}{\partial t} = \Delta u,$$

μ magnetische Permeabilität. Macht man für die Zeitabhängigkeit den Ansatz

$$u = e^{i\omega t}\, h(x, y, z),$$

so erhält man in Übereinstimmung zwischen Erscheinung und Modell die DGL

$$\frac{1}{\omega\gamma}\,\Delta h = i\mu h,\ \omega \gg 1\,.$$

1.8. Modellerweiterung

Häufig reichen mathematische Modelle nicht aus, um bestimmte Effekte realer Prozesse zu erfassen. Diese Effekte sind auf Einflußgrößen zurückzuführen, die bei

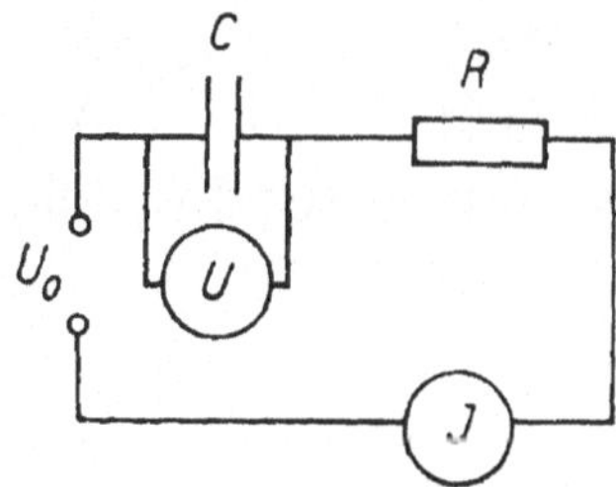

Abb. 1

der mathematischen Modellierung des Prozesses vernachlässigt wurden. Zur Berücksichtigung dieser Einflußgrößen muß das mathematische Modell erweitert werden. Modellerweiterungen dieser Art führen in den meisten Fällen auf asymptotische Modelle. Ein einfaches Beispiel hierzu ist das Einschaltverhalten in einem Stromkreis mit dem Widerstand R und der Kapazität C (vgl. Abb. 1).

Aus den KIRCHHOFFschen Gesetzen erhält man das mathematische Modell

$$\frac{\mathrm{d}U}{\mathrm{d}t} + \frac{1}{RC}\, U = \frac{1}{RC}\, U_0, \quad J(t) = C\frac{\mathrm{d}U}{\mathrm{d}t}.$$

Zum Zeitpunkt $t = 0$ des Einschaltens sei der Stromkreis stromlos, d. h., es gelten die AB

$$U(0) = 0, \quad \frac{\mathrm{d}U(0)}{\mathrm{d}t} = \frac{1}{C}\, J(0) = 0.$$

Da die DGL von erster Ordnung ist, kann nur die erste AB berücksichtigt werden. Man erhält

$$U(t) = U_0\left(1 - \mathrm{e}^{-\frac{t}{RC}}\right), \quad J(t) = \frac{U_0}{R}\, \mathrm{e}^{-\frac{t}{RC}}.$$

Es ist $U(0) = 0$, während wegen $J(0) = \dfrac{U_0}{R}$ die zweite AB nicht erfüllt wird. Der Effekt, daß am Anfang kein Strom fließt, kann also mit diesem mathematischen Modell nicht berücksichtigt werden, d. h., zur Beschreibung des realen Prozesses muß das Modell erweitert werden.

Jeder elektrische Stromkreis kann als Spule mit einer sehr geringen Induktivität L aufgefaßt werden. Aus den KIRCHHOFFschen Gesetzen erhält man unter Berücksichtigung dieser Einflußgröße L

$$\frac{L}{R}\,\frac{\mathrm{d}^2U}{\mathrm{d}t^2} + \frac{\mathrm{d}U}{\mathrm{d}t} + \frac{1}{RC}\, U = \frac{1}{RC}\, U_0, \quad \frac{L}{R} \ll 1,$$

womit auch die zweite AB berücksichtigt werden kann. Diese DGL ist ein asymptotisches Modell vom Typ der Erniedrigung der Ordnung. Abb. 2 veranschaulicht die realere Darstellung des Einschaltvorganges durch das erweiterte Modell.

Derartige Modellerweiterungen führten in Physik und Technik oft zu einer wesentlichen Verbesserung der mathematischen Beschreibung realer Prozesse. Das bekannteste Beispiel ist die bereits einleitend dargelegte Erweiterung von der idealen Strömung zur reibungsbehafteten Strömung, die einer Modellerweiterung von den EULERschen Bewegungsgleichungen zu den NAVIER-STOKESschen DGL entspricht.

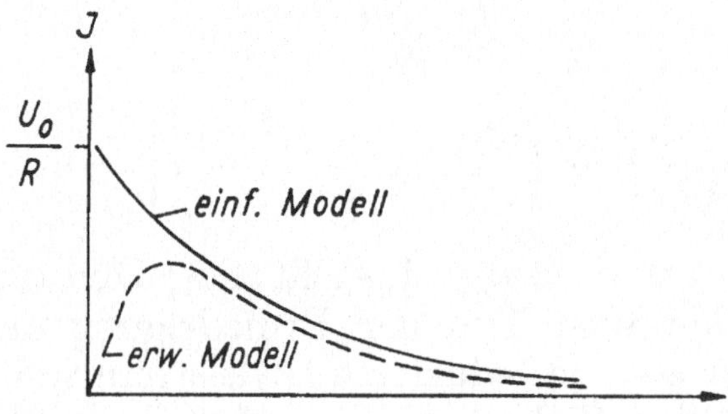

Abb. 2

1.9. Geometrische Optik — Wellenoptik

Nimmt man an, daß sich das Licht von einer Lichtquelle strahlenförmig ausbreitet, so genügt der Lichtweg $S = S(x, y, z)$ der DGL der geometrischen Optik

$$\left(\frac{\partial S}{\partial x}\right)^2 + \left(\frac{\partial S}{\partial y}\right)^2 + \left(\frac{\partial S}{\partial z}\right)^2 = 1. \qquad (1.2)$$

Auf der Grundlage dieses Modells gelang es jedoch nicht Welleneigenschaften des Lichtes, wie z. B. Beugung und Interferenz zu erklären, so daß eine Modellerweiterung notwendig wurde. Eine Deutung dieser Erscheinung gelang erst, nachdem man sich von der Vorstellung der strahlenförmigen Ausbreitung des Lichtes löste und eine wellentheoretische Interpretation des Lichtes zugrunde legte, indem man von dem erweiterten Modell der Schwingungsgleichung

$$\Delta u + k^2 u = 0, \quad k = \frac{\omega}{c},$$

für die mathematische Beschreibung der Lichtwelle ausging. Mit asymptotischen Methoden gelingt es, den Zusammenhang beider Theorien herzustellen. Setzt man nämlich

$$u = e^{ikS}v,\qquad(1.3)$$

so geht die Schwingungsgleichung über in

$$-\frac{\Delta v}{k^2} - \frac{2i}{k}\left(\frac{\partial v}{\partial x}\frac{\partial S}{\partial x} + \frac{\partial v}{\partial y}\frac{\partial S}{\partial y} + \frac{\partial v}{\partial z}\frac{\partial S}{\partial z}\right)$$
$$-\frac{iv\Delta S}{k} + v\left[\left(\frac{\partial S}{\partial x}\right)^2 + \left(\frac{\partial S}{\partial y}\right)^2 + \left(\frac{\partial S}{\partial z}\right)^2 - 1\right] = 0.$$

Für große Frequenzen ω, d. h. $k \gg 1$, stellt diese DGL ein asymptotisches Modell vom Typ der Erniedrigung der Ordnung dar. Die für $k \to \infty$ reduzierte DGL stimmt mit (1.2) überein, so daß die Wellenoptik eine Modellerweiterung der geometrischen Optik darstellt.

1.10. Mechanik — Quantenmechanik

Völlig analog zur Optik kann gezeigt werden, daß die Quantenmechanik als eine Modellerweiterung der klassischen Mechanik angesehen werden kann. Die aus dem NEWTONschen Grundgesetz resultierende klassische Mechanik erwies sich als unzureichend für die Beschreibung mikromechanischer Vorgänge. Eine Erweiterung der NEWTONschen Makromechanik erwies sich daher als notwendig. Durch eine wellentheoretische Umgestaltung gelang es [SCHRÖDINGER, das nach ihm benannte erweiterte Modell der Quantenmechanik

$$\Delta\Phi + \frac{8\pi^2 m}{h^2}\left[E - U(x, y, z)\right]\Phi = 0$$

aufzustellen. Dabei ist E die Gesamtenergie des Massenpunktes, U die potentielle Energie, m die Masse und $h = 6{,}55 \cdot 10^{-27}$ das PLANCKsche Wirkungsquantum. Wegen $h \ll 1$ stellt die SCHRÖDINGER-Gleichung ein asymptotisches Modell dar. Mit einem (1.3) analogen Ansatz erhält man wie in der Wellenoptik in erster Näherung aus der SCHRÖDINGER-Gleichung die sich aus dem NEWTON-schen Grundgesetz ergebende HAMILTONsche DGL des Massenpunktes

$$\left(\frac{\partial W}{\partial x}\right)^2 + \left(\frac{\partial W}{\partial y}\right)^2 + \left(\frac{\partial W}{\partial z}\right)^2 = 2m[E - U(x, y, z)],$$

die ein Analogon zur Grundgleichung der geometrischen Optik darstellt.

1.11. Dynamische Kennlinie des Asynchronmotors

Die KLOSSsche Beziehung für den Zusammenhang zwischen dem Motormoment und dem Schlupf bzw. der Winkelgeschwindigkeit besitzt nur für Betriebszustände von Drehstrommotoren mit konstanter Drehzahl Gültigkeit. Bei Asynchronmotoren ist die Drehzahl stark von der Belastung abhängig, so daß es im Fall einer schwankenden Motorbelastung für die Berechnung von Torsionsschwingungen notwendig ist, den Zusammenhang zwischen dem Motormoment und der Winkelgeschwindigkeit neu zu bestimmen. Mit dieser Problematik befaßte sich W. WENSKE [14] und leitete bei Beschränkung auf kleine Schwingungen um einen stationären Zustand[1]) das erweiterte Modell

$$\beta \frac{dy}{d\vartheta} = x - y + xz$$

$$\beta \frac{dz}{d\vartheta} = -z - xy$$

her. Dabei ist

$$x = \frac{S}{S_K}, \quad y = \frac{M}{2M_K}, \quad \beta = \frac{T_e}{T_m}, \quad z = z(\vartheta) \text{ Hilfsfunktion,}$$

S Schlupf der Ankerdrehmasse,
S_K Kippschlupf des Motors,

---

[1]) D. h., Ein- und Ausschaltvorgänge des Motors werden nicht betrachtet.

M Motordrehmoment,
M_K Kippmoment des Motors,
T_e elektromagnetische Zeitkonstante,
T_m elektromechanische Zeitkonstante,
ϑ dimensionslose Zeit.

Wird das zeitliche Gesetz $x = x(\vartheta)$ für die Schlupfänderung vorgegeben, so kann hieraus die Abhängigkeit $y = y(x)$ des Motormomentes vom Schlupf ermittelt werden. Das Zeitkonstantenverhältnis β stellt einen kleinen Parameter dar. Für $\beta = 0$ ergibt sich die KLOSSsche Beziehung

$$M = 2 M_K \frac{x}{1 + x^2}$$

als Grenzfall der dynamischen Kennlinie des Asynchronmotors.

1.12. Mehrschichtkonstruktionen

Aufgrund guter Festigkeitseigenschaften und extrem geringem Eigengewicht verwendet man anstelle einschichtiger homogener Schalen häufig dreischichtige Schalen. Darunter versteht man im allgemeinen den Verbund zweier Außenschichten (Tragschichten) aus festem Material und einer Kernschicht aus weichem Material. Durch geeignete Kombination des Materials der einzelnen Schichten kann die Dreischichtschale mehrere Funktionen (tragend, wärmedämmend, schallisolierend) gleichzeitig erfüllen.

Die mathematische Modellierung der Dreischichtschale macht eine Erweiterung des gewöhnlich benutzten KIRCHHOFFschen Deformationsmodells notwendig. Während man bei der homogenen Schale vom Deformationsmodell der geraden Normalen ausgeht, muß man zur Berücksichtigung des verschiedenen Materials der drei Schichten vom Deformationsmodell der gebrochenen Normalen ausgehen. Unter Zugrundelegung dieses erweiterten Deformationsmodells wurde von A. DUDA [15] das asymptotische Modell

$$-\varepsilon^2 \Delta\Delta\Delta\Phi + \Delta\Delta\Phi = \frac{1}{D}\,[\Delta_K\varphi + L(w,\varphi) + q(x,y)] \quad (1.4)$$

hergeleitet, wobei $\Phi(x,y)$ eine die Durchbiegung $w(x,y)$ definierende Hilfsfunktion, $q(x,y)$ die Flächenlast der Schale und Δ_K, $L(.)$ entsprechende Differentialoperatoren der Spannungsfunktion $\varphi(x,y)$ und $w(x,y)$ sind. Der kleine Parameter ε vor der höchsten Ableitung charakterisiert den Einfluß der Eigenbiegesteifigkeit der Tragschichten einschließlich des Einflusses der Kernsteifigkeit auf die Deformation der Dreischichtschale. Für $\varepsilon = 0$ folgt die auf der Basis des Deformationsmodells der geraden Normalen sich ergebende Grundgleichung. Durch den Übergang zum erweiterten Modell erhöht sich die Ordnung der DGL um zwei, wodurch zwei Randbedingungen mehr berücksichtigt werden können. Eine asymptotische Berechnung der Dreischichtplatte

$$-\varepsilon^2 \Delta\Delta\Delta\Phi + \Delta\Delta\Phi = \frac{1}{D}\,[L(w,\varphi) + q(x,y)]$$

und der drehsymmetrisch belasteten Dreischichtzylinderschale

$$-\varepsilon^2 \Phi^{(6)}(x) + \Phi^{(4)}(x) - 2r^2\Phi''(x) + S^4\Phi = \frac{qL^4}{D},$$

die Sonderfälle von (1.4) darstellen, findet man bei U. KESSEL [16, 17].

2. Asymptotische Potenzreihen

2.1. Motivation und Besonderheit APR

Sind die Koeffizienten $q_\nu(x)$ einer linearen DGL

$$u^{(n)}(x) + q_1(x)\,u^{(n-1)}(x) + \cdots + q_n(x)\,u(x) = 0$$

in Umgebung eines Punktes x_0 regulär, so können ihre partikulären Lösungen in Form konvergenter Potenzreihen

$$u(x) = \sum_{\nu=0}^{\infty} c_\nu (x - x_0)^\nu$$

ermittelt werden. Durch Koeffizientenvergleich erhält man aus der DGL für die unbestimmten Koeffizienten c_ν ein rekursives Gleichungssystem, aus dem die c_ν mit Hilfe der AB bzw. RB leicht bestimmt werden können. Im Fall schwacher Singularitäten x_0 kann diese Vorgehensweise erweitert werden, indem man den Vorfaktor $(x - x_0)^\lambda$ einführt und den modifizierten Lösungsansatz

$$u(x) = \sum_{\nu=0}^{\infty} c_\nu (x - x_0)^{\nu+\lambda}$$

macht. Für die c_ν ergibt sich ebenfalls ein rekursives Gleichungssystem und für λ eine algebraische Gleichung. Die Situation ändert sich jedoch völlig, wenn x_0 eine wesentliche Singularität der DGL ist. Analog zum Vorangehenden könnte man im Hinblick auf Ergebnisse aus der komplexen Funktionentheorie partikuläre Lösungen in Form von LAURENT-Reihen

$$u(x) = \sum_{\nu=-\infty}^{\infty} c_\nu (x - x_0)^{\nu+\lambda}$$

suchen. Für die c_ν würde man aber ein unendliches Gleichungssystem und für λ eine transzendente Gleichung erhalten, d. h., im Vergleich zum regulären und schwachsingulären Fall würde die Berechnung bedeutend komplizierter werden. Außerdem konvergieren diese Reihen häufig nur sehr langsam, so daß dieser Weg hier ungeeignet ist.

Im Fall wesentlicher Singularitäten ist es günstiger, partikuläre Lösungen mit Hilfe von APR zu konstruieren. Da die meisten in der Technik interessierenden DGL im Unendlichen eine wesentliche Singularität haben, beschränken wir die folgenden Darlegungen auf $x = \infty$ bzw. auf die approximative Darstellung partikulärer Lösungen für große Werte der Veränderlichen, d. h. für $x \gg 1$.

APR sind Reihen der Form

$$\sum_{\nu=0}^{\infty} \frac{a_\nu}{z^\nu} = a_0 + \frac{a_1}{z} + \frac{a_2}{z^2} + \cdots,$$

wobei z eine komplexe Variable ist. Obwohl sie in den meisten Fällen divergent sind, kann ihre n-te Teilsumme

$$S_n(z) = a_0 + \frac{a_1}{z} + \cdots + \frac{a_n}{z^n}$$

für hinreichend große $|z|$ zur näherungsweisen Darstellung von Funktionen dienen.

Zum Studium der Besonderheiten APR im Vergleich zu konvergenten Potenzreihen betrachten wir die Funktion

$$f(x) = \int_0^\infty \frac{\mathrm{e}^{-xt}}{1+t}\,\mathrm{d}t, \quad x > 0 \quad \text{und reell.}$$

Durch partielle Integration ergibt sich

$$f(x) = \left[-\frac{\mathrm{e}^{-xt}}{x(1+t)} \right]_{t=0}^{t=\infty} - \frac{1}{x} \int_0^\infty \frac{\mathrm{e}^{-xt}}{(1+t)^2}\,\mathrm{d}t$$

$$= \frac{1}{x} - \frac{1}{x} \int_0^\infty \frac{\mathrm{e}^{-xt}}{(1+t)^2}\,\mathrm{d}t$$

bzw. nach Fortsetzung der partiellen Integration

$$f(x) = \frac{1}{x} - \frac{1!}{x^2} + \frac{2!}{x^3} - \frac{3!}{x^4} + \cdots +$$

$$+ (-1)^{n-1} \frac{(n-1)!}{x^n} + (-1)^n \frac{n!}{x^n} \int_0^\infty \frac{\mathrm{e}^{-xt}}{(1+t)^{n+1}}\,\mathrm{d}t. \tag{2.1}$$

Fassen wir die ersten n Glieder

$$S_n(x) = \sum_{\nu=1}^{n} (-1)^{\nu-1} \frac{(\nu-1)!}{x^\nu}$$

als n-te Teilsumme einer entsprechenden Reihe auf, so ergibt sich nach dem Quotientenkriterium

$$\lim_{n\to\infty} \left| \frac{a_{n+1}}{a_n} \right| = \lim_{n\to\infty} \frac{n}{x} = \infty,$$

d. h., die sich durch unbegrenzt fortlaufende partielle Integration ergebende Reihe ist divergent für alle Werte von $x \neq 0$. Trotzdem kann $S_n(x)$ für hinreichend große x zur angenäherten Berechnung von $f(x)$ benutzt werden. Für den Abstand $|f(x) - S_n(x)|$ gewinnt man aus (2.1) die Abschätzung

$$|f(x) - S_n(x)| = \frac{n!}{x^n} \int_0^\infty \frac{e^{-xt}}{(1+t)^{n+1}} \, dt$$

$$= \frac{n!}{x^{n+1}} - \frac{(n+1)!}{x^{n+1}} \int_0^\infty \frac{e^{-xt}}{(1+t)^{n+2}} \, dt < \frac{n!}{x^{n+1}},$$

da der Wert des uneigentlichen Integrals positiv ist. Mit wachsendem x und festem n verbessert sich die Approximation, und es gilt schließlich

$$\lim_{x\to\infty} |f(x) - S_n(x)| = 0.$$

Die Gliederzahl n ist eine Funktion von x. Für festes x gibt es ein n für die beste Approximation von $f(x)$ durch $S_n(x)$. Bei einer Approximation durch $S_{n-1}(x)$ bzw. $S_{n+1}(x)$ ergeben sich die Fehlerschranken

$$|f(x) - S_{n-1}(x)| < \frac{(n-1)!}{x^n} \quad \text{bzw.}$$

$$|f(x) - S_{n+1}(x)| < \frac{(n+1)!}{x^{n+2}}.$$

Die günstigste Gliederzahl n findet man dann aus der Ungleichung

$$\frac{(n-1)!}{x^n} \geqq \frac{n!}{x^{n+1}} < \frac{(n+1)!}{x^{n+2}}.$$

Hieraus folgt

$$x - 1 < n \leqq x.$$

Für $x = 10$ stellt somit beispielsweise $S_{10}(10)$ die günstigste Näherung für $f(10)$ dar:

$$0 < f(10) - S_{10}(10)$$

$$= f(10) - 0{,}091\,746 < \frac{10!}{10^{11}} = 0{,}000\,036\,2.$$

2.2. *Asymptotische Entwicklung einer Funktion*

Eine Funktion $f(z)$ sei in einem Sektor $\bar{S}$ mit $|z| \geqq R$ und $\arg z \in [\alpha, \beta]$ der komplexen z-Ebene definiert (vgl. Abb. 3). Dann bezeichnet man die APR

$$\sum_{\nu=0}^{\infty} \frac{a_\nu}{z^\nu}$$

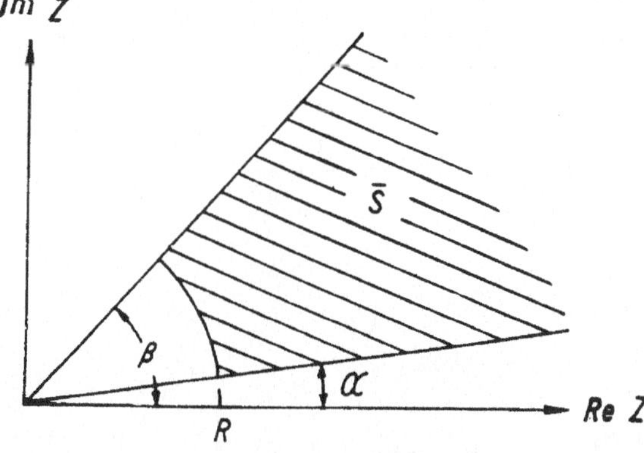

Abb. 3

als asymptotische Entwicklung der Funktion $f(z)$ in $\bar{S}$, wenn

$$z^n[f(z) - S_n(z)] \qquad (2.2)$$

für $|z| \to \infty$ und $z \in \bar{S}$ gegen Null strebt. Symbolisch schreibt man

$$f(z) \sim \sum_{\nu=0}^{\infty} \frac{a_\nu}{z^\nu}.$$

Die n-te Teilsumme

$$S_n(z) = \sum_{\nu=0}^{n} \frac{a_\nu}{z^\nu}$$

nennt man asymptotische Darstellung n-ter Ordnung der Funktion $f(z)$. Aus der Definitionsbeziehung (2.2) ergeben sich für die Entwicklungskoeffizienten die Berechnungsformeln

$$a_0 = \lim_{|z| \to \infty} f(z), \quad a_1 = \lim_{|z| \to \infty} z[f(z) - a_0],$$

$$a_2 = \lim_{|z| \to \infty} z^2 \left[f(z) - \left(a_0 + \frac{a_1}{z} \right) \right], \ldots$$

$$a_n = \lim_{|z| \to \infty} z^n \left[f(z) - \sum_{\nu=0}^{n-1} \frac{a_\nu}{z^\nu} \right].$$

Dabei wird die Existenz dieser Grenzwerte vorausgesetzt.

In unserem Beispiel ist

$$\left| \lim_{x \to \infty} x^n[f(x) - S_n(x)] \right| \leq \lim_{x \to \infty} \frac{n!}{x} = 0.$$

Nach Definition ist daher $S_n(x)$ eine asymptotische Darstellung von $f(x)$

$$f(x) \sim S_n(x) = \sum_{\nu=1}^{n} (-1)^{\nu-1} \frac{(\nu - 1)!}{x^\nu}.$$

2.3.　Rechenoperationen APR

Seien

$$a(z) \sim \sum_{\nu=0}^{\infty} \frac{a_\nu}{z^\nu} \quad \text{und} \quad b(z) \sim \sum_{\nu=0}^{\infty} \frac{b_\nu}{z^\nu}$$

asymptotische Entwicklungen der Funktionen $a(z)$ und $b(z)$.

Linearkombination APR. Für beliebige Konstante α und β gilt

$$\alpha a(z) + \beta b(z) \sim \sum_{\nu=0}^{\infty} (\alpha a_\nu + \beta b_\nu)\, z^{-\nu},$$

d. h., APR dürfen gliedweise addiert und mit Konstanten α, β multipliziert werden.

Multiplikation APR.

$$a(z)\, b(z) \sim \sum_{\nu=0}^{\infty} (a_0 b_\nu + a_1 b_{\nu-1} + \cdots + a_\nu b_0)\, z^{-\nu}$$

$$= a_0 b_0 + \frac{a_0 b_1 + a_1 b_0}{z} + \frac{a_0 b_2 + a_1 b_1 + a_2 b_0}{z^2} + \cdots,$$

d. h., APR dürfen gliedweise multipliziert werden.

Division APR. Die Division APR wird auf eine Multiplikation zurückgeführt. Setzt man $b_0 \neq 0$ voraus, dann ergibt sich für den Quotienten

$$\frac{a(z)}{b(z)} \sim \sum_{\nu=0}^{\infty} \frac{c_\nu}{z^\nu},$$

wobei sich die unbestimmten Koeffizienten c_ν schrittweise aus

$$a_\nu = b_0 c_\nu + b_1 c_{\nu-1} + \cdots + b_\nu c_0, \quad \nu = 0, 1, 2, \ldots,$$

berechnen. Für die ersten Glieder erhält man

$$\frac{a(z)}{b(z)} \sim \frac{a_0}{b_0} + \left(\frac{a_1}{b_0} - \frac{a_0 b_1}{b_0{}^2} \right) z^{-1}$$

$$+ \left(\frac{a_2}{b_0} - \frac{a_0 b_2 + a_1 b_1}{b_0{}^2} - \frac{b_1{}^2 a_0}{b_0{}^3} \right) z^{-2} + \cdots.$$

Funktion von einer APR. Sei $g(w) = \sum_{\nu=0}^{\infty} g_\nu w^\nu$ für $w \in T$ eine konvergente Potenzreihe und

$$a(z) \sim \sum_{\mu=0}^{\infty} \frac{a_\mu}{z^\mu} \quad \text{für} \quad z \in \overline{S},$$

dann besitzt $g(w) = g[a(z)]$ für alle $z \in \bar{S}$, für die $w = a(z)$ $\in T$ gilt eine asymptotische Entwicklung

$$g[a(z)] \sim \sum_{\nu=0}^{\infty} g_\nu \left(\sum_{\mu=0}^{\infty} \frac{a_\mu}{z^\mu} \right)^\nu = \sum_{\nu=0}^{\infty} \frac{c_\nu}{z^\nu}, \qquad (2.3)$$

wobei sich die Koeffizienten c_ν formal wie beim Rechnen mit konvergenten Reihen durch Koeffizientenvergleich ergeben.

Betrachten wir hierzu das für die asymptotische Lösung linearer DGL wichtige Beispiel

$$g(w) = e^w = \sum_{\nu=0}^{\infty} \frac{w^\nu}{\nu!} \quad \text{mit} \quad w = a(z) \sim \sum_{\mu=0}^{\infty} \frac{a_\mu}{z^\mu}.$$

Dann ist nach (2.3)

$$e^{a(z)} \sim e^{a_0 + \sum_{\mu=1}^{\infty} a_\mu z^{-\mu}} \sim e^{a_0} \sum_{\nu=0}^{\infty} \frac{\left(\sum_{\mu=1}^{\infty} \frac{a_\mu}{z^\mu} \right)^\nu}{\nu!}$$

$$= e^{a_0} \left[1 + \frac{a_1}{z} + \frac{1}{2} \frac{a_1^2 + 2a_2}{z^2} + \cdots \right].$$

Differentiation APR. Ohne zusätzliche Voraussetzungen können APR nicht differenziert werden. So besitzt die Funktion

$$f(x) = \frac{\sin e^x}{e^x}, \quad x > 0,$$

eine asymptotische Entwicklung

$$f(x) \sim \sum_{\nu=0}^{\infty} \frac{a_\nu}{x^\nu}$$

mit $\qquad a_\nu = \lim_{x \to \infty} x^\nu e^{-x} \sin e^x = 0, \quad \nu \geqq 0,$

d. h. eine asymptotische Entwicklung, bei der alle Glieder Null sind. Die Ableitung $f'(x)$ dagegen besitzt keine asymptotische Entwicklung. Bildet man nämlich den Ausdruck

$$x^n f'(x) = x^n \left[\cos e^x - \frac{\sin e^x}{e^x} \right],$$

so erkennt man, daß dieser für $x \to \infty$ oszilliert, d. h.

$$\lim_{x \to \infty} x^n f'(x)$$

existiert nicht. Ist $a(z)$ im Sektor $\bar{S}\{\alpha \leqq \arg z \leqq \beta\}$ regulär, dann folgt aus

$$a(z) \sim \sum_{\nu=0}^{\infty} \frac{a_\nu}{z^\nu}$$

für jeden abgeschlossenen Untersektor

$$S^*\{\alpha < \alpha^* \leqq \arg z \leqq \beta^* < \beta\}$$

die asymptotische Entwicklung

$$a'(z) \sim \sum_{\nu=1}^{\infty} \frac{(-\nu)\, a_\nu}{z^{\nu+1}} = - \sum_{\nu=2}^{\infty} \frac{(\nu - 1)\, a_{\nu-1}}{z^\nu}.$$

Wird also die Regularität von $a(z)$ vorausgesetzt, dann darf eine APR gliedweise differenziert werden.

Integration APR. Für die gliedweise Integration APR genügt bereits die Stetigkeit von $a(z)$ in $\bar{S}$. Aus

$$a(z) \sim \sum_{\nu=2}^{\infty} \frac{a_\nu}{z^\nu}$$

folgt dann

$$\int_z^{\infty} a(\zeta)\, d\zeta \sim \sum_{\nu=1}^{\infty} \frac{a_{\nu+1}}{\nu z^\nu}$$

bzw.

$$\int_{\infty}^{z} a(\zeta)\, d\zeta \sim - \sum_{\nu=1}^{\infty} \frac{a_{\nu+1}}{\nu z^\nu}$$

mit $z \in \bar{S}$ und einem ganz in $\bar{S}$ verlaufenden Integrationsweg. Als Integralgrenze wurde hier ∞ gewählt, weil uns asymptotische Darstellungen von Funktionen in Umgebung der wesentlichen Singularität $z = \infty$ interessieren. Weiterhin ist zu beachten, daß bei der asymptotischen Entwicklung von $a(z)$ die Koeffizienten $a_0 = a_1 = 0$ vorausgesetzt wurden.

3.   Lineare Differentialgleichungen

APR sollen nun zur angenäherten Lösung linearer DGL in Umgebung einer wesentlichen Singularität angewandt werden.

Bei der Lösung von DGL in Umgebung regulärer Punkte mittels Potenzreihen unterscheidet man zwei Schritte. Zunächst wird mit dem Potenzreihenansatz durch Bestimmung der c_ν eine formale Lösung ermittelt. Anschließend muß dann durch einen Konvergenzbeweis nachgewiesen werden, daß die durch formales Einsetzen sich ergebende Reihe tatsächlich eine Lösung der DGL ist. In Analogie hierzu besteht die asymptotische Lösung einer DGL in Umgebung einer wesentlichen Singularität aus den beiden Schritten:

— Konstruktion einer formalen Lösung
— Nachweis des asymptotischen Charakters der formalen Lösung.

Im zweiten Schritt muß gezeigt werden, daß die formale Lösung eine asymptotische Darstellung einer exakten Lösung der DGL ist. Gelingt dieser Nachweis, so bezeichnen wir die formale Lösung als asymptotische Lösung.

3.1. *Lineare DGL 1. Ordnung*

Zur Ermittlung der Ansatzstruktur für eine formale Lösung betrachten wir der Einfachheit halber die DGL

$$\frac{dy}{dz} = z^m q(z)\, y, \quad m \geqq 0, \tag{3.1}$$

wobei $q(z)$ im Sektor $\bar{S}$ (vgl. Abb. 3, Seite 27) regulär sei und für $|z| \to \infty$ in $\bar{S}$ die asymptotische Entwicklung

$$q(z) \sim \sum_{\nu=0}^{\infty} \frac{a_\nu}{z^\nu}, \quad a_0 \neq 0, \qquad (3.2)$$

habe. Diese DGL hat für $z = \infty$ eine wesentliche Singularität. Durch Trennung der Veränderlichen folgt aus (3.1) mit Hilfe von (3.2) die allgemeine Lösung

$$y = C_1 \exp \left[\int_{z_0}^{z} \left(\sum_{\nu=0}^{m} a_\nu t^{m-\nu} + \frac{a_{m+1}}{t} + \sum_{\nu=2}^{\infty} \frac{a_{m+\nu}}{t^\nu} \right) dt \right]$$

mit einer beliebigen Konstanten C_1 und einem ganz in $\bar{S}$ verlaufenden Integrationsweg. Hieraus folgt mit den Abkürzungen

$$\int_{z_0}^{z} \sum_{\nu=0}^{m} a_\nu t^{m-\nu} \, dt = \left[\sum_{\nu=0}^{m} \frac{a_\nu t^{m-\nu+1}}{m-\nu+1} \right]_{z_0}^{z} = P(z) - P(z_0),$$

$$\int_{z_0}^{z} \frac{a_{m+1}}{t} \, dt = \varrho \ln z - \varrho \ln z_0 = \ln z^\varrho - C_2, \, a_{m+1} = \varrho,$$

$$\int_{z_0}^{z} \sum_{\nu=2}^{\infty} \frac{a_{m+\nu}}{t} \, dt = \int_{z_0}^{\infty} \sum_{\nu=2}^{\infty} \frac{a_{m+\nu}}{t^\nu} \, dt + \int_{\infty}^{z} \sum_{\nu=2}^{\infty} \frac{a_{m+\nu}}{t^\nu} \, dt$$

$$= C_3 + \sum_{\nu=1}^{\infty} \frac{a_{\nu+m+1}}{(-\nu) \, z^\nu}$$

die Struktur einer exakten Lösung von (3.1) in Umgebung von $z = \infty$

$$y = c \, e^{P(z)} z^\varrho \exp \left(\sum_{\nu=1}^{\infty} \frac{a_{\nu+m+1}}{(-\nu) \, z^\nu} \right)$$

mit $\qquad c = C_1 \exp \left(-P(z_0) - C_2 + C_3 \right).$

Wegen (2.3) gilt

$$c \exp \left(\sum_{\nu=1}^{\infty} \frac{a_{\nu+m+1}}{(-\nu) \, z^{\nu}} \right) \sim \sum_{\nu=0}^{\infty} \frac{c_{\nu}}{z^{\nu}},$$

womit sich in Umgebung von $z = \infty$ schließlich die Lösungsstruktur

$$y = e^{P(z)} \, z^{\varrho} \sum_{\nu=0}^{\infty} \frac{c_{\nu}}{z^{\nu}} \qquad (3.3)$$

mit

$$P(z) = \sum_{\mu=0}^{m} a_{\mu}{}^{*} z^{m-\mu+1}$$

ergibt. Aufgrund dieses Ergebnisses ist es naheliegend, formale Lösungen linearer DGL 1. Ordnung in der Umgebung einer wesentlichen Singularität $x = \infty$ in der Form (3.3) anzusetzen und die unbestimmten Koeffizienten $a_{\mu}{}^{*}$, ϱ, c_{ν} durch Koeffizientenvergleich aus der DGL zu bestimmen. Im folgenden wird sich zeigen, daß die Ansatzstruktur (3.3) auch bei linearen DGL höherer Ordnung zur Konstruktion formaler Lösungen geeignet ist.

3.2.　Lineare DGL 2. Ordnung

Wir gehen aus von der DGL

$$y''(z) + q_1(z) \, y'(z) + q_2(z) \, y = 0 \qquad (3.4)$$

mit den asymptotischen Entwicklungen

$$q_{\mu}(z) \sim z^{\gamma_{\mu}} \sum_{\nu=0}^{\infty} \frac{a_{\mu\nu}}{z^{\nu}}, \quad \mu = 1, 2,$$

in Umgebung von $z = \infty$. Gilt für ein γ_{μ}

$$\gamma_1 \geqq 0 \quad \text{bzw.} \quad \gamma_2 \geqq -1,$$

so ist $z = \infty$ eine wesentliche Singularität von (3.4). Die DGL (3.4) ist dem System

$$\begin{bmatrix} y_1'(z) \\ y_2'(z) \end{bmatrix} = \begin{bmatrix} 0 & 1 \\ -q_2(z) & -q_1(z) \end{bmatrix} \begin{bmatrix} y_1 \\ y_2 \end{bmatrix}$$

äquivalent, oder in Matrixschreibweise

$$Y'(z) = z^m A(z)\, Y \tag{3.5}$$

mit

$$A(z) \sim \sum_{\nu=0}^{\infty} \frac{A_\nu}{z^\nu}, \quad m = \max(\gamma_1, \gamma_2),$$

wobei A_ν konstante Matrizen vom Format 2×2 sind. Die Matrixgleichung (3.5) besitzt die gleiche Struktur wie (3.1), nur daß hier anstelle der skalaren Funktion $q(z)$ die Matrixfunktion $A(z)$ steht. Es ist daher zu vermuten, daß (3.5) und damit auch (3.4) in Umgebung von $z = \infty$ formale Lösungen der Form (3.3) hat. Von der Richtigkeit dieser Vermutung werden wir uns im folgenden durch Einsetzen überzeugen.

Zur übersichtlicheren Gestaltung der Rechnung beseitigen wir in (3.4) das Glied mit der 1. Ableitung und legen (3.4) in der Form

$$u''(z) + q(z)\, u = 0 \tag{3.6}$$

mit

$$q(z) \sim \sum_{\nu=0}^{\infty} \frac{a_\nu}{z^\nu} \quad \text{und} \quad m = 0$$

zugrunde. Wegen $m = 0$ machen wir gemäß (3.3) für formale Lösungen von (3.6) den Ansatz

$$u = e^{\lambda z} z^\varrho \sum_{\nu=0}^{\infty} \frac{c_\nu}{z^\nu}, \quad c_0 \neq 0. \tag{3.7}$$

Durch Einsetzen in (3.6) und Multiplikation der sich ergebenden Beziehung mit $e^{-\lambda z}$ erhält man

$$c_0(\lambda^2 + a_0)\, z^\varrho + [(\lambda^2 + a_0)\, c_1 + (a_1 - 2\lambda\varrho)\, c_0]\, z^{\varrho-1}$$

$$+ \sum_{\nu=2}^{\infty} [\lambda^2 c_\nu - 2\lambda c_{\nu-1}(\nu - 1 + \varrho) + c_{\nu-2}(\nu - 2 + \varrho)$$

$$\times (\nu - 1 + \varrho) + \sum_{\mu=0}^{\nu} a_\mu c_{\nu-\mu}]\, z^{\varrho-\nu} = 0.$$

Wegen $c_0 \neq 0$ ergeben sich hieraus für die unbestimmt angesetzten Größen λ, ϱ, c_ν die Beziehungen

$$\lambda^2 + a_0 = 0$$

$$a_1 - 2\lambda\varrho = 0$$

$$2\lambda\nu c_\nu = (\nu - 1 + \varrho)(\nu + \varrho)\, c_{\nu-1} + \sum_{\mu=2}^{\nu+1} a_\mu c_{\nu+1-\mu},$$

$$\nu = 1, 2, 3, \ldots.$$

$$(3.8)$$

Man erhält

$$\lambda_{1,2} = \pm\, i\, \sqrt{a_0}, \quad \varrho_{1,2} = \frac{a_1}{2\lambda_{1,2}}.$$

Aufbauend auf diese Werte ergeben sich unter der Voraussetzung $a_0 \neq 0$ aus der Rekursionsformel (3.8) zwei formale Lösungen

$$u_\mu(z) = \mathrm{e}^{\lambda_\mu z} \sum_{\nu=0}^{n} \frac{c_\mu(\lambda_\mu, \varrho_\mu)}{z^{\nu-\varrho_\mu}}, \quad \mu = 1, 2, \qquad (3.9)$$

die, wie sich zeigen läßt, in Umgebung von $z = \infty$ ein asymptotisches Fundamentalsystem bilden. Ein gegebenes Rand- oder Eigenwertproblem könnte dann in der üblichen Weise näherungsweise gelöst werden. Die lineare Unabhängigkeit von $u_1(z)$ und $u_2(z)$ ist wesentlich an die Voraussetzung $a_0 \neq 0$ gebunden, wodurch sich zwei verschiedene λ-Werte ergaben. Die Gleichung für λ ist stets die Beziehung, die man durch Vergleich des Koeffizienten von z^ϱ erhält. Man bezeichnet sie als charakteristische Gleichung. Kehren wir zu der Form (3.4) zurück, dann ist

$$\lambda^2 + a_{10}\lambda + a_{20} = 0 \qquad (3.10)$$

die charakteristische Gleichung. Der Ansatz (3.7) führt dann nur im Falle $\lambda_1 \neq \lambda_2$ zum Ziel. Im Fall einer Doppelwurzel $\lambda_1 = \lambda_2$ der charakteristischen Gleichung (3.10) müssen APR mit gebrochenem Exponenten in z angesetzt werden. Wir kommen darauf noch zurück.

Als Beispiel betrachten wir zunächst die BESSELsche

DGL nullter Ordnung

$$y''(z) + \frac{1}{z}\, y'(z) + y(z) = 0. \qquad (3.11)$$

Wegen $\gamma_1 = \gamma_2 = 0$ hat sie für $z = \infty$ eine wesentliche Singularität. Mit der Substitution

$$y = \mathrm{e}^{-\frac{1}{2}\int \frac{1}{z}\,\mathrm{d}z}\, u = z^{-\frac{1}{2}}\, u$$

ergibt sich die Form (3.6)

$$u''(z) + q(z)\, u = 0, \quad q(z) = 1 + \frac{1}{4z^2}. \qquad (3.12)$$

Es ist $a_0 = 1$, $a_1 = 0$, $a_2 = \frac{1}{4}$, $a_\nu = 0$ für $\nu \geq 3$. Die

Beziehungen (3.8) reduzieren sich damit auf

$$\lambda^2 + 1 = 0, \quad \lambda_{1,2} = \pm i,$$

$$0 - 2\lambda\varrho = 0, \quad \varrho_{1,2} = 0,$$

$$2\lambda\nu c_\nu = \left(\nu - \frac{1}{2}\right)^2 c_{\nu-1}, \quad \nu = 1, 2, 3, \ldots.$$

Für $\lambda_1 = i$ ergibt sich

$$c_1 = \frac{\left(1 - \dfrac{1}{2}\right)^2 (-i)}{2^1 \cdot 1!}\, c_0,$$

$$c_2 = \frac{\left(1 - \dfrac{1}{2}\right)^2 \left(2 - \dfrac{1}{2}\right)^2 (-i)^2}{2^2 \cdot 2!}\, c_0$$

und allgemein

$$c_\nu = \frac{\left(1 - \dfrac{1}{2}\right)^2 \cdots \left(\nu - \dfrac{1}{2}\right)^2 (-i)^\nu}{2^\nu \nu!}\, c_0.$$

Wählt man $c_0 = \sqrt{\dfrac{2}{\pi}}\, e^{-\frac{i\pi}{4}}$ und führt durch

$$\frac{1 \cdot 3 \cdot 5 \cdot \ldots \cdot (2n-1)\,\sqrt{\pi}}{2^n} = \Gamma\left(n + \frac{1}{2}\right)$$

die Gammafunktion ein, dann erhält man als formale Lösung von (3.11) in Umgebung von $z = \infty$

$$y_1(z) = z^{-\frac{1}{2}}\, u_1(z)$$

$$= \sqrt{\frac{2}{\pi}}\, e^{iz - \frac{i\pi}{4}} \left[\frac{1}{\sqrt{z}} + \sum_{\nu=1}^{n} \frac{\left[\Gamma\left(\nu + \frac{1}{2}\right)\right]^2 (-i)^\nu}{2^\nu \nu!\, \pi z^{\nu + \frac{1}{2}}} \right].$$

In der Theorie der BESSEL-Funktionen wird gezeigt, daß dies die asymptotische Darstellung der HANKEL-Funktion $H_0^{(1)}(z)$ ist. Entsprechend findet man für $\lambda_2 = -i$ die asymptotische Darstellung

$$y_2(z) = z^{-\frac{1}{2}}\, u_2(z)$$

$$= \sqrt{\frac{2}{\pi}}\, e^{-iz + \frac{i\pi}{4}} \left[\frac{1}{\sqrt{z}} + \sum_{\nu=1}^{n} \frac{\left[\Gamma\left(\nu + \frac{1}{2}\right)\right]^2 i^\nu}{2^\nu \nu!\, \pi z^{\nu + \frac{1}{2}}} \right]$$

der HANKEL-Funktion $H_0^{(2)}(z)$. Insbesondere gilt in erster Näherung

$$H_0^{(1)}(z) \sim \sqrt{\frac{2}{\pi z}}\, e^{iz - \frac{i\pi}{4}}; \qquad H_0^{(2)}(z) \sim \sqrt{\frac{2}{\pi z}}\, e^{-iz + \frac{i\pi}{4}}.$$

Über die Beziehungen

$$2J_0(z) = H_0^{(1)}(z) + H_0^{(2)}(z),$$
$$2iN_0(z) = H_0^{(1)}(z) - H_0^{(2)}(z)$$

gewinnt man hiermit die asymptotischen Darstellungen der BESSEL-Funktion $J_0(z)$ und der NEUMANN-Funktion

$N_0(z)$. In erster Näherung ergibt sich

$$J_0(z) \sim \sqrt{\frac{2}{\pi z}} \cos\left(z - \frac{\pi}{4}\right), \quad N_0(z) \sim \sqrt{\frac{2}{\pi z}} \sin\left(z - \frac{\pi}{4}\right).$$

Der Nachweis, daß die Ausdrücke $y_1(z)$, $y_2(z)$ in Umgebung von $z = \infty$ asymptotische Darstellungen exakter Lösungen von (3.11) sind, ist kompliziert und führt auf umfangreiche Rechnungen. Wir legen daher anstelle von (3.11) die Form (3.12) mit den zugeordneten Ausdrücken

$$u_1 = z^{\frac{1}{2}}\, y_1(z), \quad u_2 = z^{\frac{1}{2}}\, y_2(z)$$

zugrunde und beschränken uns zur Vereinfachung auf reelle x. Nach Definition (2.2) muß

$$\lim_{x \to \infty} x^n \, |u(x) - u_{1,2}(x)| = 0$$

bzw.

$$|u(x) - u_{1,2}(x)| \leqq \frac{K_{1,2}}{|x|^{n+1}}$$

gezeigt werden, wobei $u(x)$ eine exakte Lösung von (3.12) ist. Zur Herleitung einer Beziehung für die Differenz $u(x) - u_{1,2}(x)$ konstruieren wir zunächst die den linear unabhängigen Funktionen $u_1(x)$, $u_2(x)$ zugeordnete DGL

$$\begin{vmatrix} u & u_1 & u_2 \\ u' & u'_1 & u'_2 \\ u'' & u_1{}'' & u_2{}'' \end{vmatrix} = 0.$$

Da eine Determinante ihren Wert nicht ändert, wenn man Vielfache einer Parallelzeile addiert, folgt hieraus

$$\begin{vmatrix} u & u_1 & u_2 \\ u' & u'_1 & u'_2 \\ u'' + qu, & u_1{}'' + qu_1, & u_2{}'' + qu_2 \end{vmatrix} = 0.$$

Setzt man hier die formalen Lösungen

$$u_1(x) = \mathrm{e}^{ix} \sum_{\nu=0}^{n} \frac{c_\nu}{x^\nu}, \quad u_2(x) = \mathrm{e}^{-ix} \sum_{\nu=0}^{n} \frac{\bar{c}_\nu}{x^\nu}$$

ein, multipliziert mit e^{ix}, e^{-ix} und entwickelt die sich so ergebende Determinante nach den Elementen der 1. Spalte, so erhält man nach Division durch den Koeffizienten von $u'' + qu$ die gesuchte DGL

$$u'' + qu - u' \sum_{\nu=0}^{n} \frac{\alpha_\nu}{x^{\nu+n+2}} + u \sum_{\nu=0}^{n} \frac{\beta_\nu}{x^{\nu+n+2}} = 0,$$

von der die formalen Lösungen $u_1(x)$, $u_2(x)$ ein Fundamentalsystem darstellen. Um die Struktur von (3.12) zu erhalten, beseitigen wir noch durch

$$u = \exp\left(\frac{1}{2} \int \sum_{\nu=0}^{n} \frac{\alpha_\nu}{x^{\nu+n+2}}\, \mathrm{d}x\right) v = \mathrm{e}^{\delta(x)} v$$

mit

$$\delta(x) = \frac{1}{x^{n+1}} \sum_{\nu=0}^{n} \frac{\alpha_\nu{}^*}{x^\nu}, \quad \lim_{x\to\infty} \mathrm{e}^{\delta(x)} = 1$$

das Glied mit der 1. Ableitung und erhalten

$$v''(x) - \left[q(x) + \frac{1}{x^{n+2}}\, R(x)\right] v = 0, \qquad (3.13)$$

wobei $R(x)$ von der Struktur $R(x) = \sum_{\nu=0}^{n} \frac{\gamma_\nu}{x^\nu}$ ist. Ein Fundamentalsystem hiervon ist

$$v_1 = \mathrm{e}^{-\delta(x)} u_1(x), \quad v_2 = \mathrm{e}^{-\delta(x)} u_2(x). \qquad (3.14)$$

Durch Nulladdition schreiben wir nun die exakte DGL (3.12) in der Form

$$u''(x) + \left[q(x) + \frac{1}{x^{n+2}}\, R(x)\right] u = \frac{1}{x^{n+2}}\, R(x)\, u. \qquad (3.15)$$

Die gleich Null gesetzte linke Seite dieser DGL hat die gleiche Struktur wie die Vergleichsgleichung (3.13) und besitzt demzufolge das gleiche Fundamentalsystem (3.14). Wir fassen daher (3.15) formal als inhomogene DGL auf und erhalten mit Hilfe der Methode der Variation der Konstanten für $u(x)$ die Integralgleichung

$$u(x) = v_1(x) + \frac{1}{W} \int\limits_x^\infty K(x, t)\, \frac{R(t)\, u(t)}{t^{n+2}}\, \mathrm{d}t \qquad (3.16)$$

mit dem Kern $K(x, t) = v_1(x)\, v_2(t) - v_2(x)\, v_1(t)$. Aufgrund der Struktur von (3.12) ist die WRONSKIsche Determinante W eine Konstante. Mit dem Reihenansatz

$$u(x) = \sum_{\nu=0}^\infty \varphi_\nu(x) \qquad (3.17)$$

ergibt sich aus (3.16)

$$\varphi_0(x) = v_1(x),$$

$$\varphi_\nu(x) = \frac{1}{W} \int\limits_x^\infty \frac{K(x, t)\, R(t)}{t^{n+2}}\, \varphi_{\nu-1}(t)\, \mathrm{d}t, \quad \nu \geqq 1.$$

Man kann zeigen, daß für hinreichend große $x_0 \leqq x \leqq t$

$$\frac{|K(x, t)|}{W} \leqq M, \quad |v_1(x)| \leqq L, \quad |R(t)| \leqq N$$

abgeschätzt werden kann. Damit folgt

$$|\varphi_\nu(x)| \leqq \frac{L(MN)^\nu}{|x|^{\nu(n+1)}},$$

d. h., die Reihe (3.17) ist gleichmäßig konvergent. Aus (3.17) gewinnt man daher die Abschätzung

$$|u(x) - v_1(x)| \leqq \sum_{\nu=1}^\infty |\varphi_\nu(x)| \leqq \frac{K_1}{|x|^{n+1}}.$$

Weiterhin ergibt sich aus (3.14)

$$|v_1(x) - u_1(x)| = |v_1(x)\, (1 - \mathrm{e}^{\delta(x)})| \leqq \frac{K_2}{|x|^{n+1}}.$$

Die Dreiecksungleichung liefert schließlich die gewünschte Abschätzung

$$|u(x) - u_1(x)| \leqq |u(x) - v_1(x)| + |v_1(x) - u_1(x)|$$

$$\leqq \frac{K_1}{|x|^{n+1}} + \frac{K_2}{|x|^{n+1}} = \frac{K}{|x|^{n+1}}.$$

Eine entsprechende Abschätzung erhält man in gleicher Weise für $u(x) - u_2(x)$.

3.3. Lineare DGL n-ter Ordnung

Die für lineare DGL 2. Ordnung erläuterte Vorgehensweise bei der Ermittlung eines Fundamentalsystems in Umgebung einer wesentlichen Singularität kann völlig analog auf lineare DGL n-ter Ordnung

$$y^{(n)}(z) + q_1(z)\, y^{(n-1)}(z) + \cdots + q_n(z)\, y = 0 \qquad (3.18)$$

übertragen werden. Im folgenden beschränken wir uns daher auf eine Zusammenstellung der wichtigsten Ergebnisse. Haben die Koeffizienten in Umgebung von $z = \infty$ die asymptotische Entwicklung

$$q_\mu(z) \sim z^{\gamma_\mu} \sum_{\nu=0}^{\infty} \frac{a_{\mu\nu}}{z^\nu}, \quad z \to \infty, \quad \mu = 1, 2, \ldots, n,$$

dann ist $z = \infty$ eine wesentliche Singularität, wenn mindestens ein

$$\gamma_\mu \geqq 1 - \mu, \quad \mu = 1, 2, \ldots, n.$$

Der Ansatz für asymptotische Lösungen in Umgebung dieser Singularität ist dann wieder von der Struktur der charakteristischen Gleichung

$$\lambda_n + a_{10}\lambda^{n-1} + a_{20}\lambda^{n-2} + \cdots + a_{n0} = 0 \qquad (3.19)$$

abhängig. Sind die Wurzeln dieser Gleichung alle voneinander verschieden, dann besitzt (3.18) asymptotische

Lösungen von der Form

$$y_A = \exp\left(\tau_0 z^{m+1} + \cdots + \tau_m z\right) z^\varrho \sum_{\nu=0}^{\infty} \frac{c_\nu}{z^\nu},$$

$$m = \max\left(\gamma_1, \gamma_2, \ldots, \gamma_n\right).$$

Die unbestimmten Konstanten τ_ν, ϱ, c_ν ergeben sich durch Koeffizientenvergleich aus (3.18).

Ist λ eine M-fache Wurzel von (3.19), dann führt der modifizierte Ansatz

$$y = \exp\left(\tau_0 z^{\frac{KM}{PM}} + \tau_1 z^{\frac{KM-1}{PM}} + \cdots + \tau_{KM-1} z^{\frac{1}{PM}}\right)$$

$$\times\, z^\varrho \sum_{\nu=0}^{\infty} \frac{c_\nu}{z^{\frac{\nu}{PM}}}$$

zum Ziel, d. h., es treten gebrochene Potenzen von z auf (vgl. L. SIROVICH [19]). Dabei wird die rationale Zahl $\dfrac{K}{P}$ aus dem NEWTON-Polygon bestimmt, daß durch die Verbindungsgeraden der $(n + 1)$ Punkte

$$(\gamma_0, n),\ (\gamma_1, n-1),\ (\gamma_2, n-2),\ \ldots,\ (\gamma_n, 0)\ \text{ mit } \gamma_0 = 0$$

definiert ist. Liegen dann alle Punkte $(\gamma_j, n-j)$ unterhalb der Geraden durch $(\gamma_\alpha, n-\alpha)$, $(\gamma_\beta, n-\beta)$ mit der Gleichung

$$x + \delta y = c,$$

dann ist $\dfrac{K}{P} = \delta + 1$.

$\textit{Beispiel}:$

$$y''(z) + \left(2 + \frac{1}{z}\right) y'(z) + y = 0.$$

Die charakteristische Gleichung

$$\lambda^2 + 2\lambda + 1 = 0$$

hat die Doppelwurzel $\lambda_{1,2} = -1$, d. h. $M = 2$. Es ist $\gamma_1 = \gamma_2 = 0$. Aus dem zugeordneten NEWTON-Polygon (vgl. Abb. 4) folgt $\delta = 0$ und damit $\dfrac{K}{P} = 1$. Der modifizierte Ansatz hat somit die Gestalt

$$y = \exp\left(\tau_0 z + \tau_1 z^{\frac{1}{2}}\right) z^{\varrho} \sum_{\nu=0}^{\infty} \frac{c_\nu}{z^{\frac{1}{2}\nu}}$$

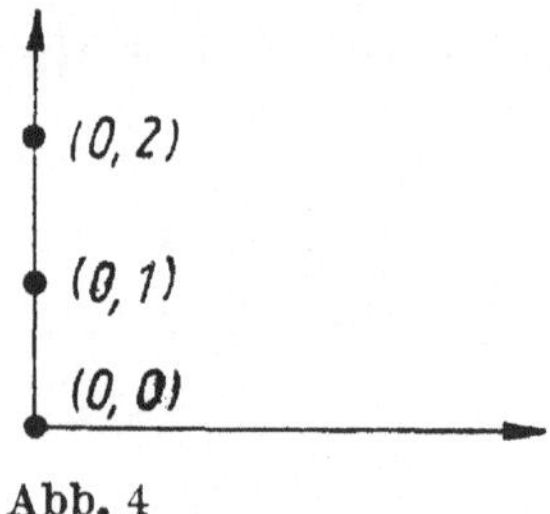

Abb. 4

4.   Matrixmethode

Wir erläutern nun die von W. Wasow [20] und Y. Sibuya [21] entwickelte Matrixmethode zur asymptotischen Lösung von DGL. Bisher wurden asymptotische Lösungen mit Hilfe geeigneter Ansätze für formale Lösungen konstruiert. Die Matrixmethode besteht im wesentlichen in einer schrittweisen Vereinfachung der DGL durch geeignete Matrixtransformationen.

Die DGL legen wir in Form eines Systems linearer DGL 1. Ordnung zugrunde, das wir in Matrixform

$$\boldsymbol{H}'(z) = z^m \boldsymbol{\Pi}(z)\,\boldsymbol{H}, \quad m \geqq 0, \tag{4.1}$$

schreiben. Dabei bezeichnet $\boldsymbol{H}$ einen Spaltenvektor der Ordnung n und $\boldsymbol{\Pi}(z)$ eine im Sektor $\bar{S}$ (vgl. Abb. 3, Seite 27) reguläre Matrixfunktion, die für $z \to \infty$ die asymptotische Entwicklung

$$\boldsymbol{\Pi}(z) \sim \sum_{\nu=0}^{\infty} \frac{\boldsymbol{\Pi}_\nu}{z^\nu}, \quad \boldsymbol{\Pi}_0 \neq 0, \tag{4.2}$$

besitzt. Π_ν sind quadratische Matrizen der Ordnung n mit konstanten Elementen. Zu (4.2) gelangt man, indem man, wie bei der Potenzreihenentwicklung von Funktionen, die asymptotischen Entwicklungen der Elemente von $\Pi(z)$ einträgt und mit Hilfe der Rechenoperationen von Matrizen die Form (4.2) herstellt.

Setzen wir $m \geqq 0$ voraus, so besitzt das System (4.1) für $z = \infty$ eine wesentliche Singularität. Eine lineare DGL n-ter Ordnung kann stets in der Form (4.1) geschrieben werden. Die bisher betrachteten DGL können daher auch mit der Matrixmethode behandelt werden.

1. *Schritt*. Zur Vereinfachung nehmen wir an, daß die Eigenwerte (EW) $\lambda_1, \ldots, \lambda_n$ der Matrix Π_0 alle voneinander verschieden sind. Dann existiert eine nichtsinguläre Matrix T (vgl. Anhang) mit konstanten Elementen, so daß

$$T^{-1}\,\Pi_0 T = \begin{bmatrix} \lambda_1 & O \\ & \ddots & \\ O & & \lambda_n \end{bmatrix} = A_0$$

gilt. Mit dieser Transformationsmatrix T substituieren wir

$$H = TY. \tag{4.3}$$

Das System (4.1) geht damit über in

$$TY'(z) = z^m \sum_{\nu=0}^{\infty} \frac{\Pi_\nu T}{z^\nu}\, Y$$

bzw. nach linksseitiger Multiplikation mit T^{-1}

$$Y'(z) = z^m \sum_{\nu=0}^{\infty} \frac{A_\nu}{z^\nu}\, Y = z^m A(z)\, Y \tag{4.4}$$

$A_\nu = T^{-1}\Pi_\nu T$. Im transformierten System (4.4) ist also $A_0 = \mathrm{diag}\,(\lambda_1, \ldots, \lambda_n)$.

2. *Schritt*. Im System (4.4) substituieren wir

$$Y(z) = P(z)\, X(z) \tag{4.5}$$

mit einer zunächst unbestimmten Matrix $P(z)$ und erhalten

$$P'(z)\, X(z) + P(z)\, X'(z) = z^m\, A(z)\, P(z)\, X(z)$$

bzw. nach linksseitiger Multiplikation mit $P^{-1}(z)$

$$P^{-1}P'X + P^{-1}PX' = z^m P^{-1}APX,$$

wobei wir die Kennzeichnung der z-Abhängigkeit der besseren Übersichtlichkeit halber weggelassen haben. Wegen $P^{-1}P = E$ folgt hieraus durch Zusammenfassung der Koeffizienten von X

$$z^{-m}X'(z) = B(z)\, X \tag{4.6}$$

mit

$$B(z) = P^{-1}(z)\, A(z)\, P(z) - z^{-m}P^{-1}(z)\, P'(z). \tag{4.7}$$

Die weitere Vereinfachung von (4.6) besteht nun darin, die Transformationsmatrix $P(z)$ so zu wählen, daß $B(z)$ Diagonalform erhält.

3. *Schritt.* Multipliziert man (4.7) links mit $P(z)$, so ergibt sich für $P(z)$ und $B(z)$ die Beziehung

$$z^{-m}P'(z) = AP - PB. \tag{4.8}$$

Machen wir nun die Reihenansätze

$$P(z) = \sum_{\nu=0}^{\infty} \frac{P_\nu}{z^\nu}, \quad B(z) = \sum_{\nu=0}^{\infty} \frac{B_\nu}{z}$$

mit konstanten quadratischen Matrizen P_ν, B_ν der Ordnung n, so ergeben sich aus (4.8) durch Koeffizientenvergleich die Matrixgleichungen

$$A_0 P_0 - P_0 B_0 = 0$$

$$A_0 P_\nu - P_\nu B_0 = \sum_{\mu=0}^{\nu-1} (P_\mu B_{\nu-\mu} - A_{\nu-\mu} P_\mu) \tag{4.9}$$

für $\nu = 1, \ldots, m + 1$ und für $\nu \geqq m + 2$

$$A_0 P_\nu - P_\nu B_0 = \sum_{\mu=0}^{\nu-1} (P_\mu B_{\nu-\mu} - A_{\nu-\mu} P_\mu)$$

$$- (\nu - m - 1)\, P_{\nu-m-1}$$

Um $\boldsymbol{B}_0$ in Diagonalform zu erhalten, wählen wir

$$\boldsymbol{B}_0 = \boldsymbol{A}_0, \quad \boldsymbol{P}_0 = \boldsymbol{E},$$

wodurch die erste Gleichung von (4.9) erfüllt wird. Alle weiteren Gleichungen sind von der Form

$$\boldsymbol{A}_0 \boldsymbol{P}_\nu - \boldsymbol{P}_\nu \boldsymbol{A}_0 = \boldsymbol{B}_\nu + \boldsymbol{F}_\nu, \qquad (4.10)$$

wobei sich die Matrix $\boldsymbol{F}_\nu$ aus den in den vorhergehenden Schritten berechneten Matrizen $\boldsymbol{P}_0, \ldots, \boldsymbol{P}_{\nu-1}, \boldsymbol{B}_0, \ldots, \boldsymbol{B}_{\nu-1}$ zusammensetzt und damit eine bekannte Matrix ist. Zur Lösung der Matrixgleichung (4.10) macht man für $\boldsymbol{P}_\nu$ und $\boldsymbol{B}_\nu$ die Ansätze

$$\boldsymbol{P}_\nu = \begin{bmatrix} 0 & p_{12}^\nu \cdots p_{1n}^\nu \\ p_{21}^\nu & 0 \cdots p_{2n}^\nu \\ \cdots\cdots\cdots \\ p_{n1}^\nu \cdots p_{n,n-1}^\nu & 0 \end{bmatrix}, \quad \boldsymbol{B}_\nu = \begin{bmatrix} b_{11}^\nu & & 0 \\ & b_{22}^\nu & \\ & & \ddots \\ 0 & & b_{nn}^\nu \end{bmatrix},$$

womit sich aus (4.10) n^2 skalare Gleichungen für jedes ν zur Berechnung der unbestimmt angesetzten Elemente $p_{\mu k}^\nu$, $b_{\mu\mu}^\nu$ ergeben.

4. *Schritt.* Das Ziel, $\boldsymbol{P}_\nu$ so zu wählen, daß $\boldsymbol{B}_\nu$ eine Diagonalmatrix wird, konnte erreicht werden. Damit ist das Ausgangsproblem (4.1) auf die asymptotische Untersuchung des zerfallenden Systems (4.6) zurückgeführt. Dieses System kann wie die lineare DGL 1. Ordnung behandelt werden. Man hat nur die skalaren Funktionen durch Matrixfunktionen zu ersetzen. Es folgt

$$\boldsymbol{X} = \boldsymbol{C}_1^* \exp\left[\int_{z_0}^{z} \left(\sum_{\nu=0}^{m} \boldsymbol{B}_\nu t^{m-\nu} + \frac{\boldsymbol{B}_{m+1}}{t} + \sum_{\nu=2}^{\infty} \frac{\boldsymbol{B}_{\nu+m}}{t^\nu} \right) dt \right]$$

$$= \exp\left[\sum_{\nu=0}^{m} \frac{\boldsymbol{B}_\nu z^{m-\nu+1}}{m-\nu+1} \right] z^{\boldsymbol{B}_{m+1}} \sum_{\nu=0}^{\infty} \frac{\boldsymbol{C}_\nu}{z^\nu}$$

wobei $\boldsymbol{C}_\nu$ konstante quadratische Matrizen der Ordnung n sind. Durch Rückführung der Transformationen (4.5) und (4.3) gelangt man hiermit schließlich zur asymptotischen Darstellung von $H(z)$ in Umgebung von $z = \infty$.

Von W. Wasow (vgl. [20], S. 78) wurde folgender Satz bewiesen: *Wenn die Matrixfunktion $\Pi(z)$ in einem Sektor $\bar{S}$ mit $|z| \geq R$ regulär ist und die Eigenwerte von Π_0 alle voneinander verschieden sind, dann besitzt das System (4.1) in einem beliebigen Untersektor von $\bar{S}$ mit einem Öffnungswinkel $< \dfrac{\pi}{m+1}$ ein asymptotisches Fundamentalsystem der Form*

$$H(z) = H^*(z)\, z^D \mathrm{e}^{Q(z)}.$$

Dabei bezeichnet $Q(z)$ eine Diagonalmatrix, deren Elemente Polynome in z bis zur Potenz z^{m+1} sind, während D eine konstante Diagonalmatrix ist. Die Matrix $H^*(z)$ besitzt in $\bar{S}$ eine asymptotische Entwicklung

$$H^*(z) \sim \sum_{\nu=0}^{\infty} \frac{H_\nu^{\,*}}{z^\nu}, \quad z \to \infty.$$

Die Matrixmethode kann auch zur Bestimmung eines asymptotischen Fundamentalsystems von (4.1) angewandt werden, wenn Π_0 mehrfache Eigenwerte hat. Eine ausführliche Behandlung dieses Falles findet man in [20].

Beispiel.

$$y''(z) - \left(1 + \frac{1}{z}\right) y = 0.$$

Das äquivalente System lautet

$$H'(z) = \begin{bmatrix} 0 & 1 \\ 1 + \dfrac{1}{z} & 0 \end{bmatrix} H.$$

Es ist $m = 0$, d. h., $z = \infty$ ist eine wesentliche Singularität. Die Entwicklung von $\Pi(z)$ ist

$$\Pi(z) = \begin{bmatrix} 0 & 1 \\ 1 & 0 \end{bmatrix} + \frac{1}{z} \begin{bmatrix} 0 & 0 \\ 1 & 0 \end{bmatrix} = \Pi_0 + \frac{\Pi_1}{z}.$$

Für die Eigenwerte von $\boldsymbol{\Pi}_0$ erhält man $\lambda_{1,2} = \pm 1$, so daß eine nichtsinguläre Transformation $\boldsymbol{T}$ existiert, die $\boldsymbol{\Pi}_0$ in eine Diagonalmatrix überführt:

$$\boldsymbol{T}^{-1}\boldsymbol{\Pi}_0\boldsymbol{T} = \begin{bmatrix} 1 & 0 \\ 0 & -1 \end{bmatrix} = \boldsymbol{A}_0.$$

Man findet

$$\boldsymbol{T} = \begin{bmatrix} 1 & 1 \\ 1 & -1 \end{bmatrix}, \quad \boldsymbol{T}^{-1} = \begin{bmatrix} \dfrac{1}{2} & \dfrac{1}{2} \\ \dfrac{1}{2} & -\dfrac{1}{2} \end{bmatrix}.$$

Mit $\boldsymbol{H} = \boldsymbol{T}\boldsymbol{Y}$ ergibt sich das (4.4) entsprechende System

$$\boldsymbol{Y}'(z) = \left(\boldsymbol{A}_0 + \frac{\boldsymbol{A}_1}{z}\right)\boldsymbol{Y} \tag{4.11}$$

mit

$$\boldsymbol{A}_0 = \begin{bmatrix} 1 & 0 \\ 0 & -1 \end{bmatrix}, \quad \boldsymbol{A}_1 = \begin{bmatrix} \dfrac{1}{2} & \dfrac{1}{2} \\ -\dfrac{1}{2} & -\dfrac{1}{2} \end{bmatrix}.$$

Gemäß Schritt 3 wählen wir

$$\boldsymbol{B}_0 = \boldsymbol{A}_0 = \begin{bmatrix} 1 & 0 \\ 0 & -1 \end{bmatrix}, \quad \boldsymbol{P}_0 = \boldsymbol{E} = \begin{bmatrix} 1 & 0 \\ 0 & 1 \end{bmatrix}.$$

Weiterhin folgt für $\nu = 1$ aus (4.9) die Matrixgleichung

$$\boldsymbol{A}_0\boldsymbol{P}_1 - \boldsymbol{P}_1\boldsymbol{A}_0 = \boldsymbol{B}_1 - \boldsymbol{A}_1,$$

aus der mit den Ansätzen

$$\boldsymbol{P}_1 = \begin{bmatrix} 0 & p_{12}^1 \\ p_{21}^1 & 0 \end{bmatrix}, \quad \boldsymbol{B}_1 = \begin{bmatrix} b_{11}^1 & 0 \\ 0 & b_{22}^1 \end{bmatrix},$$

$$\boldsymbol{P}_1 = \begin{bmatrix} 0 & -\dfrac{1}{4} \\ -\dfrac{1}{4} & 0 \end{bmatrix}, \quad \boldsymbol{B}_1 = \begin{bmatrix} \dfrac{1}{2} & 0 \\ 0 & -\dfrac{1}{2} \end{bmatrix}$$

folgt. Entsprechend gewinnt man aus der Matrixgleichung

$$A_0 P_2 - P_2 A_0 = B_2 + P_1 B_1 - A_1 P_1 - P_1$$

$$= B_2 + \begin{bmatrix} \dfrac{1}{8} & \dfrac{1}{2} \\[2mm] \dfrac{1}{4} & -\dfrac{1}{8} \end{bmatrix},$$

$$P_2 = \begin{bmatrix} 0 & \dfrac{1}{4} \\[2mm] -\dfrac{1}{8} & 0 \end{bmatrix}, \quad B_2 = \begin{bmatrix} -\dfrac{1}{8} & 0 \\[2mm] 0 & \dfrac{1}{8} \end{bmatrix}.$$

Das (4.6) zugeordnete zerfallende System hat damit die Gestalt

$$X'(z) = \left(B_0 + \frac{B_1}{z} + \frac{B_2}{z^2} + \cdots \right) X,$$

woraus sich die skalaren DGL 1. Ordnung

$$x_1'(z) = \left(1 + \frac{1}{2z} - \frac{1}{8z^2} + \cdots \right) x_1,$$

$$x_2'(z) = \left(-1 + \frac{1}{2z} + \frac{1}{8z^2} + \cdots \right) x_2$$

ergeben. Hat man hieraus $x_1(z)$, $x_2(z)$ ermittelt, dann ergibt sich durch Rückführung der Transformationen für das Ausgangssystem das asymptotische Fundamentalsystem

$$\begin{bmatrix} \eta_1(z) \\ \eta_2(z) \end{bmatrix} \sim T \left(E + \frac{P_1}{z} + \frac{P_2}{z^2} + \cdots \right) \begin{bmatrix} x_1(z) \\ x_2(z) \end{bmatrix}.$$

5.   Parameterabhängige DGL

Im Abschnitt asymptotische Prozesse hatten wir bereits darauf hingewiesen, daß zahlreiche physikalische Probleme bei ihrer mathematischen Formulierung auf

DGL führen, die in ihren Koeffizienten einen kleinen Parameter ε bzw. großen Parameter $\varrho = \dfrac{1}{\varepsilon}$ enthalten. Interessant ist dann häufig das Verhalten der Lösungen dieser DGL für $\varepsilon \ll 1$ bzw. $\varrho \gg 1$. Liegt die DGL in Form eines Systems von DGL 1. Ordnung

$$\frac{dy_\nu}{dz} = f_\nu\,(z, y_1, \ldots, y_n, \varepsilon),\ y_\nu(z_0) = y_{\nu 0} \qquad (5.1)$$

vor, dann ist die Lösung dieses AWP stetig vom Parameter abhängig, wenn alle f_ν stetige Funktionen ihrer Argumente $y_1, \ldots, y_n, \varepsilon$ sind und bezüglich $y_1, \ldots, y_n$ im betrachteten Bereich einer LIPSCHITZ-Bedingung

$$\begin{aligned} |f_\nu(z, y_1{}^*, \ldots, y_n{}^*, \varepsilon) &- f_\nu(z, y_1{}^{**}, \ldots, y_n{}^{**}, \varepsilon)| \\ &\leq L\,|(z, y_1{}^*, \ldots, y_n{}^*, \varepsilon) - (z, y_1{}^{**}, \ldots, y_n{}^{**}, \varepsilon)| \end{aligned} \qquad (5.2)$$

genügen. Diese Bedingung ist erfüllt, wenn die partiellen Ableitungen dieser Funktionen nach den Variablen $y_1, \ldots, y_n$ im betrachteten Bereich beschränkt sind:

$$\left|\frac{\partial f_\nu}{\partial y_1}\right| \leq L, \ldots, \left|\frac{\partial f_\nu}{\partial y_n}\right| \leq L, \quad \nu = 1, \ldots, n.$$

In der Theorie der DGL bezeichnet man diese Tatsache als Satz von der stetigen Abhängigkeit der Lösungen von den Koeffizienten. Sie hat prinzipielle Bedeutung für die Lösung realer Probleme. Der eingehende Parameter muß fast immer durch Messung aus dem zugeordneten technischen Prozeß bestimmt werden und ist daher stets mit Meßfehlern behaftet. Die Lösung der DGL wäre für die Anwendung wertlos, wenn bereits kleine Meßfehler zu einer bedeutenden Änderung der Lösung führen würde. Der Satz von der stetigen Abhängigkeit der Lösung vom Parameter ε sagt mit anderen Worten aus, daß kleinen Änderungen des Parameters ε kleine Änderungen der Lösung des AWP entsprechen. Weiterhin folgt aus diesem Satz, daß (5.1) für kleine ε näherungsweise durch das reduzierte System

$$\frac{\mathrm{d}y_\nu}{\mathrm{d}z} = f_\nu(z, y_1, \ldots, y_n, 0), \quad y_\nu(z_0) = y_{\nu 0}$$

ersetzt werden kann. So führt beispielsweise die thermo-elektrische Schichtdickenmessung auf die DGL

$$x^2 T''(x) + 2x T'(x) - \frac{1}{3\lambda}\left(2\alpha x + \frac{8}{9}\,\alpha r\right) T' = 0$$

für die Temperaturverteilung $T(x)$ im Überzugsmetall. Aufgrund des Satzes von der stetigen Abhängigkeit der Lösungen von den Koeffizienten kann diese DGL näherungsweise ersetzt werden durch die DGL

$$x^2 T''(x) + 2x T'(x) - \frac{1}{3\lambda}\,(2\alpha x + \alpha r)\, T = 0,$$

die sich auf eine BESSELsche DGL zurückführen läßt, d. h., die Ergebnisse der Theorie der BESSEL-Funktionen können nun zur Lösung des Problems angewandt werden.

Der konstruktive Aufbau der Lösung von (5.1) kann im Fall stetiger Abhängigkeit von ε in der Form

$$y_\nu(z) = \sum_{\mu=0}^{\infty} \varphi_{\nu\mu}(z)\, \varepsilon^\mu \tag{5.3}$$

vorgenommen werden. Setzt man diesen Ansatz in die DGL ein, so ergibt sich durch Koeffizientenvergleich in ε für die $\varphi_{\nu\mu}(z)$ ein rekursives Gleichungssystem von einfacherer Struktur als die Ausgangsgleichung. Die AB legt man dem ersten Glied $\varphi_{\nu 0}(z)$ auf, während alle weiteren $\varphi_{\nu\mu}(z)$ mit homogenen AB zu bestimmen sind. Ein RWP löst man entsprechend, indem man es als unvollständiges AWP auffaßt.

Beispiel.

$$y''(z) + y'(z) - \varepsilon e^z y = 0,$$

$$y(0) = 1, y(1) = \frac{1}{e}, \quad \varepsilon = 0{,}1.$$

Setzt man die Lösung des RWP in der Form

$$y(z) = \sum_{\nu=0}^{\infty} \varphi_\nu(z)\, \varepsilon^\nu$$

an, so gewinnt man durch Koeffizientenvergleich in ε für die unbestimmten Funktionen $\varphi_\nu(z)$ die Ersatzprobleme

$$\varphi_0''(z) + \varphi_0'(z) = 0,\ \varphi_0(0) = 1,\ \varphi_0(1) = \frac{1}{e},$$

$$\varphi_\nu''(z) + \varphi_\nu'(z) = e^z \varphi_{\nu-1}(z),\ \varphi_\nu(0) = \varphi_\nu(1) = 0.$$

Für die ersten Glieder findet man

$$\varphi_0(z) = e^{-z},$$

$$\varphi_1(z) = \frac{e}{e-1}\,[e^{-z} - 1] + z.$$

Die Voraussetzungen (5.2) sind in vielen Anwendungsfällen erfüllt. Es gibt aber in Physik und Technik eine Reihe wichtiger Prozesse, die sogenannten asymptotischen Prozesse, bei denen diese Voraussetzungen nicht erfüllt sind. Ein aus der Sicht der Mathematik typisches Beispiel hierfür ist die DGL

$$\varepsilon y^{(n)}(z) + q_1(z)\, y^{(n-1)}(z) + \cdots + q_n(z)\, y = 0, \quad (5.4)$$

die bei der höchsten Ableitung einen kleinen Parameter ε enthält. Für $\varepsilon \to 0$ erniedrigt sich die Ordnung der DGL. Setzt man analog wie im stetigen Fall Lösungen in der Form (5.3)

$$y(z) = \sum_{\nu=0}^{\infty} \varphi_\nu(z)\, \varepsilon^\nu \qquad (5.5)$$

an, so ergibt sich durch Koeffizientenvergleich in ε für $\varphi_\nu(z)$ das rekursive System

$$q_1(z)\, \varphi_0^{(n-1)}(z) + \cdots + q_n(z)\, \varphi_0 = 0,$$

$$q_1(z)\, \varphi_\nu^{(n-1)}(z) + \cdots + q_n(z)\, \varphi_\nu = -\varphi_{\nu-1}^{(n)}(z),$$

$\nu \geqq 1$. Die hierdurch bestimmte Reihe (5.5) ist jedoch im allgemeinen divergent. Ebenso stellen die Lösungen der reduzierten DGL ($\varepsilon = 0$) im allgemeinen nicht für alle z Näherungslösungen des exakten Problems dar. Die angenäherte Lösung von (5.4) stellt uns vor eine ähnliche Problematik, wie wir sie bei der asymptotischen Lösung von DGL in Umgebung einer wesentlichen Singularität $z = \infty$ kennengelernt haben. Die Lösungen parameterabhängiger DGL hängen außer von der Variablen z vom Parameter ε bzw. ϱ ab, d. h., es gilt

$$y = y(z, \varepsilon) \quad \text{bzw.} \quad y = y(z, \varrho).$$

$\varepsilon = 0$ bzw. $\varrho = \infty$ ist dann eine isolierte Singularität der Lösungen. Die folgenden Darlegungen orientieren wir auf große Parameter ϱ. Mit $\varepsilon = \varrho^{-1}$ können sie unmittelbar auf kleine Parameter ε übertragen werden.

In Matrixform kann eine parameterabhängige DGL allgemein in der Form

$$Y'(z) = \varrho^{m} A(z, \varrho)\, Y, \ z \in \Omega, \varrho \in S, \tag{5.6}$$

mit $|\varrho| \gg 1$, $m \geqq 1$ geschrieben werden. Dabei bezeichnet Ω einen abgeschlossenen beschränkten Bereich der komplexen z-Ebene und S einen Sektor der komplexen ϱ-Ebene mit $|\varrho| \geqq R$ und $\alpha \leqq \arg \varrho \leqq \beta$ (vgl. Abb. 5). $A(z, \varrho)$ ist eine in z und ϱ stetige Matrixfunktion. Für $m \geqq 1$ ist $\varrho = \infty$ eine isolierte Singularität des Systems (5.6).

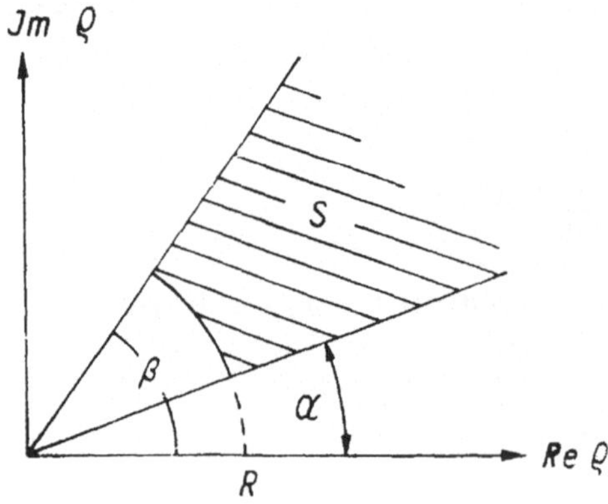

Abb. 5

5.1. Asymptotische Entwicklung von Funktionen zweier Variabler

Ein wichtiges Hilfsmittel zur asymptotischen Lösung parameterabhängiger DGL stellen APR nach Potenzen eines Parameters ϱ dar. In Erweiterung des im Abschnitt 2 eingeführten Begriffs der APR bezeichnen wir

$$f(z, \varrho) \sim \sum_{\nu=0}^{\infty} \frac{a_\nu(z)}{\varrho^\nu} \tag{5.7}$$

als asymptotische Entwicklung von $f(z, \varrho)$ für $\varrho \to \infty$ in S (vgl. Abb. 5), wenn für alle $z \in \Omega$

$$\lim_{|\varrho| \to \infty} \varrho^n \left[f(z, \varrho) - \sum_{\nu=0}^{n} \frac{a_\nu(z)}{\varrho^\nu} \right] = 0$$

bzw.

$$\left| f(z, \varrho) - \sum_{\nu=0}^{n} \frac{a_\nu(z)}{\varrho^\nu} \right| \leqq \frac{K_n}{|\varrho|^{n+1}}$$

mit einer von ϱ unabhängigen Konstanten K_n abgeschätzt werden kann. Entsprechend dieser Definition berechnen sich die Koeffizientenfunktionen $a_\mu(z)$ aus den Grenzbeziehungen

$$a_0(z) = \lim_{|\varrho| \to \infty} f(z, \varrho),$$

$$a_\mu(z) = \lim_{|\varrho| \to \infty} \varrho^\mu \left[f(z, \varrho) - \sum_{\nu=0}^{\mu-1} \frac{a_\nu(z)}{\varrho^\nu} \right].$$

Ist $f(z, \varrho)$ regulär in S und Ω und besitzt $f(z, \varrho)$ eine asymptotische Entwicklung (5.7), dann sind auch die $a_\nu(z)$ in Ω regulär, und es gilt

$$\frac{\partial f(z, \varrho)}{\partial z} \sim \sum_{\nu=0}^{\infty} \frac{a'_\nu(z)}{\varrho^\nu}$$

in einem beliebigen Unterbereich $\Omega_1 \subset \Omega$.
Analog wie bei der asymptotischen Lösung von DGL für große Werte der Veränderlichen tritt auch bei para-

meterabhängigen DGL der Vorfaktor $e^{q(z,\varrho)}$ auf. Wir geben daher noch folgende erweiterte Definition an:

Sei $q(z, \varrho)$ in S und Ω stetig, dann gilt für eine Funktion $f(z, \varrho)$ in S und Ω die asymptotische Entwicklung

$$f(z, \varrho) \sim e^{q(z,\varrho)} \sum_{v=0}^{\infty} \frac{a_v(z)}{\varrho^v}, \quad \varrho \to \infty,$$

wenn für $z \in \Omega$ und $\varrho \in S$

$$\left| f(z, \varrho) - e^{q(z,\varrho)} \sum_{v=0}^{n} \frac{a_v(z)}{\varrho^v} \right| \leqq \frac{K_n |e^{q(z,\varrho)}|}{|\varrho|^{n+1}} \tag{5.8}$$

mit einer von ϱ unabhängigen Konstanten K_n abgeschätzt werden kann.

6.   WKB-Methode

Zu den ersten und zugleich auch bekanntesten Methoden, die für die asymptotische Lösung parametarabhängiger DGL entwickelt wurden, gehören die WKB-Methode und die Methode der Vergleichsgleichung. Das in der physikalischen Literatur häufig als WKB-Methode bezeichnete Verfahren wurde von G. WENTZEL [22], H. A. KRAMERS [23] und L. BRILLOUIN [24] zur asymptotischen Lösung der SCHRÖDINGER-Gleichung entwickelt. Im folgenden werden wir das Wesen dieser Methode an dem einfachen Beispiel

$$y''(z) - [\varrho^2 + f(z, \varrho)]\, y = 0,$$

$$f(z, \varrho) \sim \sum_{v=0}^{\infty} \frac{a_v(z)}{\varrho^v}, \quad \varrho \to \infty \text{ in } S, \tag{6.1}$$

erläutern, wobei $a_v(z)$ in Ω regulär sei. Zu bestimmen ist eine asymptotische Darstellung einer exakten Lösung von (6.1) in Umgebung von $\varrho = \infty$.

Die DGL (6.1) geht für $q_2(x) \neq 0$ durch Umformung aus der DGL

$$u''(x) + q_1(x)\, u'(x) - [\varrho^2\, q_2(x) + q_3(x)]\, u = 0 \quad (6.2)$$

hervor, die beispielsweise bei der Berechnung des Wärmeflusses, der Diffusion und der Stromdichte von Bedeutung ist. Beseitigen wir dazu zunächst den Koeffizienten bei ϱ^2 in dem wir eine neue Variable z einführen. Es ist

$$\frac{\mathrm{d}^2 u}{\mathrm{d}x^2} = \frac{\mathrm{d}^2 u}{\mathrm{d}z^2} \left(\frac{\mathrm{d}z}{\mathrm{d}x}\right)^2 + \frac{\mathrm{d}u}{\mathrm{d}z} \frac{\mathrm{d}^2 z}{\mathrm{d}x^2}.$$

Fordern wir

$$\left(\frac{\mathrm{d}z}{\mathrm{d}x}\right)^2 = q_2(x), \quad q_2(x) \neq 0,$$

dann ergibt sich hieraus für die neue Variable

$$z = \int \sqrt{q_2(x)}\, \mathrm{d}x = z(x), \quad \frac{\mathrm{d}^2 z}{\mathrm{d}x^2} = \frac{1}{2} \frac{q_2{}'(x)}{\sqrt{q_2(x)}}.$$

(6.2) geht damit über in

$$\frac{\mathrm{d}^2 u}{\mathrm{d}z^2} + p_1(z)\, \frac{\mathrm{d}u}{\mathrm{d}z} - [\varrho^2 + p_2(z)]\, u = 0$$

mit

$$p_1(z) = \frac{1}{2} \frac{q_2{}'(x)}{q_2{}^{3/2}(x)} + \frac{q_1(x)}{q_2{}^{1/2}(x)}, \quad p_2(z) = \frac{q_3(x)}{q_2(x)}.$$

Beseitigt man nun noch durch Substitution

$$u = y(z)\, \mathrm{e}^{-\frac{1}{2}\int p_1(z)\mathrm{d}z}$$

das Glied mit der 1. Ableitung, dann erhält man die Gestalt von (6.1).

6.1. Konstruktion formaler Lösungen

Der wesentlichste Schritt der WKB-Methode besteht
in dem Ansatz

$$y = e^{\int \Phi(z,\varrho)\mathrm{d}z}, \quad \Phi(z, \varrho) = \sum_{\nu=0}^{\infty} \varphi_\nu(z)\, \varrho^{1-\nu} \qquad (6.3)$$

für formale Lösungen. Wegen

$$y'(z) = \Phi e^{\int \Phi \mathrm{d}z}, \; y''(z) = [\Phi'(z) + \Phi^2]\, e^{\int \Phi \mathrm{d}z}$$

ergibt sich hiermit aus (6.1)

$$\Phi'(z) + \Phi^2 - \varrho^2 - f(z, \varrho) = 0$$

oder

$$(\varphi_0{}^2 - 1)\, \varrho^2 + (\varphi_0{}' + 2\varphi_0\varphi_1)\, \varrho$$

$$+ \sum_{\nu=2}^{\infty} \left(\varphi'_{\nu-1} + \sum_{\mu=0}^{\nu} \varphi_{\nu-\mu}\varphi_\mu - a_{\nu-2} \right) \varrho^{2-\nu} = 0.$$

Durch Koeffizientenvergleich in ϱ gewinnt man hieraus
das rekursive System

$$\varphi_0{}^2(z) - 1 = 0,$$

$$\varphi_0{}'(z) + 2\varphi_0(z)\, \varphi_1(z) = 0,$$

$$\varphi'_{\nu-1}(z) + \sum_{\mu=0}^{\nu} \varphi_{\nu-\mu}(z)\, \varphi_\mu(z) - a_{\nu-2}(z) = 0,\, \nu \geqq 2.$$

Berücksichtigt man nur die ersten beiden Glieder, so
ergibt sich

$$\varphi_0(z) \equiv \pm 1, \; \varphi_1(z) = - \frac{1}{2} \frac{\varphi_0{}'(z)}{\varphi_0(z)} = - \frac{1}{2} \frac{\mathrm{d}\ln \varphi_0(z)}{\mathrm{d}z},$$

womit aus (6.3) in erster Näherung

$$y_A = e^{\int(\varphi_0\varrho + \varphi_1)\mathrm{d}z} = e^{\pm \varrho z}\, e^{-\frac{1}{2} \int \frac{\mathrm{d}\ln}{\mathrm{d}z} \varphi_0\, \mathrm{d}z}$$

$$= e^{\pm \varrho z}\, e^{-\frac{1}{2}\ln \varphi_0} = \frac{e^{\pm \varrho z}}{\sqrt{\varphi_0(z)}} = e^{\pm \varrho z}$$

folgt. Man erkennt hieran, daß der WKB-Ansatz (6.3) ungeeignet ist für die asymptotische Darstellung von Lösungen in der Umgebung von Nullstellen der Funktion $\varphi_0(z)$, da dort die formalen Lösungen singulär werden. In diesen Fällen muß man andere Methoden anwenden.

Für die eindimensionale SCHRÖDINGER-Gleichung

$$y''(x) - \varrho^2 a(x)\, y = 0,$$

$$\varrho^2 = \frac{4\pi^2}{h^2}, \quad a(x) = 2m[U(x) - E]$$

ergibt sich mit der WKB-Methode

$$y_{1,2}(x) \sim \frac{e^{\pm \varrho \int a(x)\mathrm{d}x}}{\sqrt[4]{a(x)}}.$$

6.2. *Asymptotischer Charakter der WKB-Lösungen*

Im folgenden skizzieren wir einen Weg zum Nachweis des asymptotischen Charakters formaler Lösungen, der auch in allgemeineren Fällen zum Ziel führt. Der Einfachheit halber beschränken wir uns auf reelle Werte von z und bezeichnen daher die Variable durch x.

Wir setzen

$$y_1 = e^{\varrho x} + F(x, \varrho), \quad y_2 = e^{-\varrho x} + F^*(x, \varrho)$$

mit den Korrekturgliedern F und F^*. Hiermit geht (6.1) über in die Fehlergleichung

$$F''(x) - (\varrho^2 - f)\, F = e^{\varrho x} f. \qquad (6.4)$$

Der wesentlichste Schritt dieses Weges besteht in dem Reihenansatz

$$F(x, \varrho) = \sum_{\nu=0}^{\infty} [\eta_{\nu+1}(x, \varrho) - \eta_\nu(x, \varrho)], \ \eta_0 \equiv 0, \qquad (6.5)$$

für den Fehler, mit dem aus (6.4) eine Majorante hergeleitet wird. Zunächst folgt nach Einsetzen in (6.4)

$$\eta_1{}'' - \varrho^2\eta_1 - e^{\varrho x}f + \sum_{\nu=1}^{\infty} [H''_{\nu+1} - \varrho^2 H_{\nu+1} - fH_\nu] = 0,$$

wobei zur Abkürzung

$$H_{\nu+1} = \eta_{\nu+1}(x, \varrho) - \eta_\nu(x, \varrho)$$

gesetzt wurde. Hieraus gewinnt man das rekursive System

$$\eta_1{}'' - \varrho^2\eta_1 = e^{\varrho x}f,$$

$$H''_{\nu+1} - \varrho^2 H_{\nu+1} = fH_\nu, \nu \geqq 1.$$

Das sind inhomogene DGL mit konstanten Koeffizienten. Variation der Konstanten liefert

$$\eta_1 = \frac{1}{2\varrho} \int_{x_0}^{x} [e^{\varrho x} - e^{\varrho(2t-x)}] f(t, \varrho)\, dt,$$

$$H_{\nu+1} = \frac{1}{2\varrho} \int_{x_0}^{x} [e^{\varrho(x-t)} - e^{\varrho(t-x)}] H_\nu(t, \varrho)\, f(t, \varrho)\, dt.$$

Wegen $x_0 \leqq t \leqq x$, d. h. $t - x \leqq 0$, ergeben sich hieraus die Abschätzungen

$$|\eta_1(x, \varrho)| \leqq \frac{e^{\varrho x}}{2\varrho} \int_{x_0}^{x} |f(t, \varrho)|\, dt = \frac{e^{\varrho x}}{2\varrho}\, h(x, \varrho),$$

$$|H_2(x, \varrho)| \leqq \frac{e^{\varrho x}}{2^2\varrho^2} \int_{x_0}^{x} h(t, \varrho)\, |f(t, \varrho)|\, dt$$

$$= \frac{e^{\varrho x}}{2^2\varrho^2} \int_{x_0}^{x} h(t, \varrho)\, h'(t, \varrho)\, dt = \frac{e^{\varrho x}}{2^2\varrho^2}\, \frac{h^2(x, \varrho)}{2}\,.$$

Allgemein gilt

$$|H_{\nu+1}(x, \varrho)| \leqq \frac{e^{\varrho x}}{(\nu + 1)!} \left(\frac{h(x, \varrho)}{2\varrho}\right)^{\nu+1}.$$

Für den Fehler gewinnt man damit aus (6.5)

$$|F(x, \varrho)| \leqq \sum_{\nu=0}^{\infty} |H_{\nu+1}(x, \varrho)| \leqq e^{\varrho x} \sum_{\nu=0}^{\infty} \frac{\left(\frac{h}{2\varrho}\right)^{\nu+1}}{(\nu + 1)!}$$

$$= e^{\varrho x} \sum_{\nu=1}^{\infty} \frac{\left(\frac{h}{2\varrho}\right)^{\nu}}{\nu!} = e^{\varrho x} \left[e^{\frac{h}{2\varrho}} - 1\right].$$

Da $f(x, \varrho)$ für $\varrho \to \infty$ beschränkt ist, ist auch $h(x, \varrho)$ für $\varrho \to \infty$ beschränkt, d. h., für $\varrho \to \infty$ strebt der Fehler $|F(x, \varrho)|$ gegen Null, womit der asymptotische Charakter der WKB-Lösungen nachgewiesen ist.

7. Methode der Vergleichsgleichung

Die Methode der Vergleichsgleichung wurde vorwiegend von J. LIOUVILLE [25], O. BLUMENTHAL [26] und R. E. LANGER [27] entwickelt. Sie besteht im wesentlichen aus zwei Schritten:

— Konstruktion einer Vergleichsgleichung.
— Nachweis, daß Lösungen $y_A(z, \varrho)$ der Vergleichsgleichung für $\varrho \to \infty$ exakte Lösungen $y_E(z, \varrho)$ der gegebenen DGL asymptotisch darstellen. In Analogie zu (5.8) muß dazu die Differenz $y_E(z, \varrho) - y_A(z, \varrho)$ abgeschätzt werden.

Die Konstruktion der Vergleichsgleichung kann auf zwei Wegen erfolgen. Einmal aus der Struktur der gegebenen DGL heraus, indem man die bezüglich ϱ unwesentlichen

Glieder vernachlässigt. Hat beispielsweise die Ausgangs-differentialgleichung die Gestalt

$$y''(z) + \varrho^2 y - g(z)\, y = 0, \qquad (7.1)$$

so ist zu vermuten, daß

$$u''(z) + \varrho^2 u = 0$$

für $\varrho \gg 1$ eine Vergleichsgleichung von (7.1) darstellt. Die Richtigkeit dieser Vermutung muß dann im zweiten Schritt dieser Methode bewiesen werden.

Ein anderer Weg zur Aufstellung einer Vergleichs-gleichung besteht im Ansetzen geeigneter formaler Lösun-gen. Hat die gegebene DGL die Form

$$y''(z) - q(z, \varrho)\, y = 0, \quad q(z, \varrho) \sim \varrho^{2K} \sum_{v=0}^{\infty} \frac{a_v(z)}{\varrho^v}, \quad (7.2)$$

dann haben sich die Lösungsansätze

$$y = \exp\left(\sum_{v=0}^{\infty} c_v(z)\, \varrho^{K-v}\right)$$

bzw.

$$y = \exp\left[\beta_0(z)\, \varrho^K + \cdots + \beta_{K-1}(z)\, \varrho\right] \sum_{v=0}^{\infty} \frac{c_v(z)}{\varrho^v}$$

bewährt. Die unbestimmten $c_v(z)$, $\beta_v(z)$ ermittelt man durch Koeffizientenvergleich in ϱ aus der vollständigen DGL. Bricht man diese Reihenentwicklungen nach dem n-ten Glied ab, so ergeben sich zwei linear unabhängige Funktionen $y_1(z, \varrho)$ und $y_2(z, \varrho)$. Die zugeordnete DGL

$$\begin{vmatrix} \eta & y_1 & y_2 \\ \eta' & y_1' & y_2' \\ \eta'' & y_1'' & y_2'' \end{vmatrix} = 0 \qquad (7.3)$$

ist dann die gesuchte Vergleichsgleichung.

Zur Erläuterung betrachten wir das Beispiel

$$y''(z) - [\varrho^2 + h(z)]\, y = 0 \qquad (7.4)$$

mit $K = 1$, $a_0(z) \equiv 1$, $a_1(z) \equiv 0$, $a_2(z) = h(z)$, $a_\nu(z) \equiv 0$ für $\nu \geq 3$. Mit dem Ansatz

$$y = e^{\varrho\beta(z)} \sum_{\nu=0}^{\infty} \frac{c_\nu(z)}{\varrho^\nu}$$

gewinnt man durch Koeffizientenvergleich in ϱ das rekursive System

$$\beta'^2(z) - 1 = 0,\ \beta_1(z) = z,\ \beta_2(z) = -z,$$

$$\beta''(z)\, c_0 + 2\beta'(z)\, c_0{}'(z) = 0,\ c_0(z) \equiv 1,$$

$$2c'_{\nu-1}(z) - h(z)\, c_{\nu-2} + c''_{\nu-2}(z) = 0,\ \nu \geq 2.$$

Aufbauend auf $\beta_1 = z$ und $\beta_2 = -z$ erhält man hiermit zwei linear unabhängige Funktionen

$$y_1 = e^{\varrho z} \sum_{\nu=0}^{n} \frac{c_\nu(z, \beta_1)}{\varrho^\nu},\quad y_2 = e^{-\varrho z} \sum_{\nu=0}^{n} \frac{c_\nu(z, \beta_2)}{\varrho^\nu}.$$

Setzt man diese in (7.3) ein, dann ergibt sich durch Entwicklung dieser Determinante nach den Elementen der ersten Spalte und anschließender Beseitigung des Gliedes mit der ersten Ableitung die Vergleichsgleichung

$$u''(z) - \left[\varrho^2 + h(z) + \frac{N(z, \varrho)}{\varrho^n}\right] u = 0 \qquad (7.5)$$

mit dem Fundamentalsystem

$$u_\nu(z) = y_\nu(z) \exp\left(\frac{1}{2} \int \frac{E(z, \varrho)}{\varrho^{n+1}}\, dz\right),\ \nu = 1, 2.$$

Dabei ist $E(z, \varrho)$ der Koeffizient der 1. Ableitung von (7.3). $N(z, \varrho)$ ist in Ω und S beschränkt.

Der Nachweis, daß die Lösungen der Vergleichsgleichung für $\varrho \to \infty$ Lösungen der gegebenen DGL asymptotisch darstellen, kann über die Aufstellung einer Integralgleichung vorgenommen werden. Die Vorgehensweise erläutern wir am Beispiel (7.4). Durch Nulladdition von $\dfrac{N(z, \varrho)}{\varrho^n}\, y$ geht (7.4) über in

$$y''(z) - \left[\varrho^2 + h(z) + \frac{N(z, \varrho)}{\varrho^n}\right] y = - \frac{N(z, \varrho)}{\varrho^n}\, y.$$

Subtrahiert man hiervon (7.5), so folgt

$$(y - u)'' - \left[\varrho^2 + h(z) + \frac{N(z, \varrho)}{\varrho^n}\right](y - u) = - \frac{N(z, \varrho)}{\varrho^n}\, y. \tag{7.6}$$

Die gleich Null gesetzte linke Seite dieser Fehlergleichung hat die gleiche Struktur wie die Vergleichsgleichung (7.5) und besitzt demzufolge das gleiche Fundamentalsystem $u_1(z)$, $u_2(z)$. Wir fassen daher (7.6) formal als inhomogene DGL auf und machen für die Differenz $y - u$ den Ansatz

$$y - u = C_1(z)\, u_1(z) + C_2(z)\, u_2(z).$$

Durch Variation der Konstanten findet man damit aus (7.6)

$$\begin{bmatrix} u_1(z) & u_2(z) \\ u_1{}'(z) & u_2{}'(z) \end{bmatrix} \begin{bmatrix} C_1{}'(z) \\ C_2{}'(z) \end{bmatrix} = \begin{bmatrix} 0 \\ -\dfrac{N(z, \varrho)}{\varrho^n}\, y \end{bmatrix}$$

bzw. die gesuchte Integralgleichung

$$y(z) - u(z) = \frac{1}{\varrho^n} \int_{z_0}^{z} \frac{u_2(z)\, u_1(t) - u_1(z)\, u_2(t)}{W(t)}\, N(t, \varrho)\, y(t)\, \mathrm{d}t, \tag{7.7}$$

die mit den üblichen Lösungsmethoden für Integralgleichungen auszuwerten ist. Am einfachsten ist die Integralabschätzung. Mit

$$M = \max_{\substack{z \in \Omega \\ \varrho \in s}} \left| \int_{z_0}^{z} \frac{u_2(z)\, u_1(t) - u_1(z)\, u_2(t)}{W(t)}\, N(t, \varrho)\, \mathrm{d}t \right|$$

gewinnt man aus (7.7) die Abschätzung

$$|y - u| \leq \frac{M}{\varrho^n} \max |y| \leq \frac{M}{\varrho^n} \frac{\max |y|}{\min |y|} |y| = \frac{M^*}{\varrho^n} |y|. \qquad (7.8)$$

Aus der Dreiecksungleichung folgt hiermit

$$|y| \leq |u| + |y - u| \leq |u| + \frac{M^*}{\varrho^n} |y|$$

bzw.

$$|y| \leq \frac{|u|}{1 - \dfrac{M^*}{\varrho^n}}$$

mit ϱ hinreichend groß, so daß $\dfrac{M^*}{\varrho^n} < 1$. Setzt man diese Schranke in (7.8) ein, so ergibt sich die gesuchte Abschätzung

$$|y(z, \varrho) - u(z, \varrho)| \leq \frac{M^*}{\varrho^n \left(1 - \dfrac{M^*}{\varrho^n}\right)} |u(z, \varrho)|,$$

d. h., das Fundamentalsystem $u_1(z, \varrho)$, $u_2(z, \varrho)$ der Vergleichsgleichung (7.5) ist für $\varrho \to \infty$ ein asymptotisches Fundamentalsystem der Ausgangsgleichung (7.4), womit jedes beliebige RWP oder EWP von (7.4) für $\varrho \to \infty$ gelöst werden kann.

Die Methode der Vergleichsgleichung ist in einigen Fällen auch dann anwendbar, wenn die DGL Wendepunkte hat (vgl. [28]). Darunter versteht man beispielsweise die Nullstellen von $g(x)$, falls die Ausgangsdifferentialgleichung von der Form

$$y''(x) + [\varrho^2 g(x) + h(x)] y = 0$$

ist. Wendepunktprobleme können auch mit der Matrixmethode (vgl. Abschnitt 8) gelöst werden.

Anwendungsbeispiel. Die Berechnung der Spannungsverteilung in Kugelschalen führt bei drehsymmetrischer

Belastung und konstanter Schalendicke h auf ein RWP der DGL

$$U''(\varphi) + \cot \varphi\, U'(\varphi) - (\cot^2 \varphi - i\mu^2)\, U = 0 \quad (7.9)$$

mit

$$\mu^2 = \sqrt{12(1 - \nu^2)\left(\frac{R}{h}\right)^2 - \nu^2}.$$

In dem technisch interessanten Fall $\dfrac{R}{h} \gg 1$ ist μ ein großer Parameter. Im folgenden werden wir ein asymptotisches Fundamentalsystem von (7.9) herleiten. Mit der Substitution

$$U = V(\varphi) \exp\left(-\frac{1}{2}\int \cot \varphi\, \mathrm{d}\varphi\right) = \frac{V(\varphi)}{\sqrt{\sin \varphi}}$$

beseitigen wir zunächst das Glied mit der 1. Ableitung und erhalten

$$V''(\varphi) + [a(\varphi) - \varrho^2]\, V = 0 \qquad (7.10)$$

mit

$$a(\varphi) = \frac{2 - 3\cot^2 \varphi}{4}, \quad \varrho^2 = -i\mu^2.$$

Diese DGL ist ein Spezialfall von (7.2). Formale Lösungen konstruieren wir daher in der Form

$$V = \mathrm{e}^{\varrho\beta(\varphi)} \sum_{\nu=0}^{\infty} \frac{c_\nu(\varphi)}{\varrho^\nu}.$$

Mit diesem Ansatz erhält man aus (7.10)

$$\varrho\beta''\mathrm{e}^{\varrho\beta} \sum_{\nu=0}^{\infty} \frac{c_\nu}{\varrho^\nu} + \varrho^2\beta'^2\, \mathrm{e}^{\varrho\beta} \sum_{\nu=0}^{\infty} \frac{c_\nu}{\varrho^\nu} + 2\varrho\beta'\, \mathrm{e}^{\varrho\beta} \sum_{\nu=0}^{\infty} \frac{c_\nu'}{\varrho^\nu}$$

$$+ \mathrm{e}^{\varrho\beta} \sum_{\nu=0}^{\infty} \frac{c_\nu''}{\varrho^\nu} + \mathrm{e}^{\varrho\beta} \sum_{\nu=0}^{\infty} \frac{ac_\nu}{\varrho^\nu} - \mathrm{e}^{\varrho\beta} \sum_{\nu=0}^{\infty} \frac{c_\nu}{\varrho^{\nu-2}} = 0.$$

Multiplikation mit $e^{-\varrho\beta}$ und ordnen nach Potenzen von ϱ liefert

$$\varrho^2[\beta'^2 c_0 - c_0] + \varrho[\beta'' c_0 + \beta'^2 c_1 + 2\beta' c_0' - c_1]$$

$$+ \sum_{\nu=0}^{\infty} [\beta'' c_{\nu+1} + \beta'^2 c_{\nu+2} + 2\beta' c_{\nu+1}' + c_\nu'' + ac_\nu - c_{\nu+2}] \varrho^{-\nu} = 0.$$

$$(7.11)$$

Durch Koeffizientenvergleich folgt hieraus zunächst

$$c_0(\beta'^2 - 1) = 0$$

bzw. $\beta_1 = \varphi$, $\beta_2 = -\varphi$. Auf der Basis beider β-Werte lassen sich zwei formale Lösungen konstruieren.

1. $\beta_1 = \varphi$. Für die zugeordneten $c_\nu(\varphi)$ gewinnt man aus (7.11) durch Koeffizientenvergleich in ϱ

$$c_0'(\varphi) = 0, \quad c_0 = 1,$$

$$2c_{\nu+1}'(\varphi) = -c_\nu''(\varphi) - a(\varphi)\, c_\nu, \nu \geq 0.$$

Hieraus folgt für die ersten beiden Glieder

$$c_1 = - \frac{1}{8}\, (5\varphi + 3 \cot \varphi),$$

$$c_2 = \frac{1}{128}\, (16 + 25\,\varphi + 30\,\varphi \cot \varphi - 15 \cot^2 \varphi).$$

2. $\beta_2 = -\varphi$.

$$\bar{c}_0'(\varphi) = 0, \quad \bar{c}_0 = 1$$

$$2\bar{c}_{\nu+1}'(\varphi) = \bar{c}_\nu''(\varphi) + a(\varphi)\, \bar{c}_\nu, \nu \geq 0.$$

Man erhält in diesem Fall

$$\bar{c}_1 = \frac{1}{8}\, (5\varphi + 3 \cot \varphi),$$

$$\bar{c}_2 = \frac{1}{128}\, (16 + 25\,\varphi + 30\,\varphi \cot \varphi - 15 \cot^2 \varphi).$$

Die so konstruierten formalen Lösungen

$$V_1(\varphi) = e^{\varrho\varphi} \sum_{\nu=0}^{n} \frac{c_\nu(\varphi)}{\varrho^\nu}, \quad V_2(\varphi) = e^{-\varrho\varphi} \sum_{\nu=0}^{n} \frac{\bar{c}_\nu(\varphi)}{\varrho^\nu}$$

stellen ein asymptotisches Fundamentalsystem von (7.10) und damit·

$$U_1(\varphi) = \frac{V_1(\varphi)}{\sqrt{\sin \varphi}}, \quad U_2(\varphi) = \frac{V_2(\varphi)}{\sqrt{\sin \varphi}}$$

von der Ausgangsgleichung (7.9) dar.

8.   Matrixmethode für parameterabhängige DGL

Die in Abschnitt 4 dargelegte Matrixmethode soll nun auf parameterabhängige DGL übertragen werden. Dabei gehen wir aus von dem System von DGL 1. Ordnung in Matrixform

$$\boldsymbol{H}'(z) = \varrho^m \boldsymbol{\Pi}(z, \varrho)\, \boldsymbol{H}, \quad m \geqq 1 \tag{8.1}$$

mit

$$\boldsymbol{\Pi}(z, \varrho) \sim \sum_{\nu=0}^{\infty} \frac{\boldsymbol{\Pi}_\nu(z)}{\varrho^\nu}, \quad \varrho \to \infty \text{ in } S.$$

Hierbei bezeichnen $\boldsymbol{\Pi}(z,\varrho)$, $\boldsymbol{\Pi}_\nu(z)$, $\boldsymbol{H}$ quadratische Matrizen der Ordnung n. Die Matrixfunktionen $\boldsymbol{\Pi}_\nu(z)$ werden in einem beschränkten Bereich Ω der komplexen z-Ebene als regulär vorausgesetzt. Ohne Beschränkung der Allgemeinheit kann Ω als Kreisscheibe um den Nullpunkt mit $|z| < 1$ gewählt werden. Für $m \geqq 1$ ist $\varrho = \infty$ eine Singularität des Systems (8.1), wobei wir zwischen einer schwachen und einer wesentlichen Singularität nicht mehr unterscheiden. m bezeichnen wir als Grad der Singularität.

Zur Herleitung einer asymptotischen Lösung von (8.1) in Umgebung von $\varrho = \infty$ wird (8.1) entsprechend dem

Grundprinzip der Matrixmethode durch geeignete Transformationen solange schrittweise vereinfacht, bis man zu einem entkoppelten System gelangt.

8.1. Die Eigenwerte von $\Pi_0(z)$ sind verschieden

1. Schritt. Wir behandeln zunächst den einfacheren Fall, daß die EW der Matrix $\Pi_0(z)$ bzw. die Wurzeln $\lambda_1(z), \ldots, \lambda_n(z)$ der charakteristischen Gleichung

$$|\Pi_0(z) - \lambda E| = 0$$

in Ω alle voneinander verschieden sind. Unter dieser Voraussetzung existiert eine Matrix $T(z)$, die neben ihrer Umkehrmatrix $T^{-1}(z)$ in Umgebung von $z = 0$ regulär ist, so daß

$$T^{-1}(z)\, \Pi_0(z)\, T(z) = \begin{bmatrix} \lambda_1(z) & 0 \\ & \diagdown \\ 0 & \lambda_n(z) \end{bmatrix} = A_0(z) \qquad (8.2)$$

eine Diagonalmatrix wird. Rechentechnisch bestimmt man $T(z)$ aus der Matrixgleichung

$$\Pi_0(z)\, T(z) = T(z) \begin{bmatrix} \lambda_1(z) & 0 \\ & \diagdown \\ 0 & \lambda_n(z) \end{bmatrix}.$$

Mit der durch (8.2) festgelegten Matrix $T(z)$ substituieren wir nun in (8.1)

$$H = T(z)\, Y \qquad (8.3)$$

und erhalten nach linksseitiger Multiplikation mit $T^{-1}(z)$

$$Y'(z) = \varrho^m \left[\sum_{\nu=0}^{\infty} \frac{T^{-1}(z)\, \Pi_\nu(z)\, T(z)}{\varrho^\nu} - \frac{T^{-1}(z)\, T'(z)}{\varrho^m} \right] Y$$

$$= \varrho^m \sum_{\nu=0}^{\infty} \frac{A_\nu(z)}{\varrho^\nu}\, Y = \varrho^m A(z, \varrho)\, Y, \qquad (8.4)$$

d. h., wir erhalten anstelle von (8.1) ein System, bei dem $A_0(z)$ eine Diagonalmatrix ist.

2. Schritt. Zur weiteren Vereinfachung von (8.4) setzen

wir

$$Y = P(z, \varrho)\, X$$

mit einer zunächst noch unbestimmten Matrixfunktion $P(z, \varrho)$ und erhalten nach linksseitiger Multiplikation mit $P^{-1}(z, \varrho)$

$$X'(z) = \varrho^m \left[P^{-1}(z, \varrho)\, A(z, \varrho)\, P(z, \varrho) - \frac{P^{-1}(z, \varrho) P'(z, \varrho)}{\varrho^m} \right] X$$

bzw.

$$.X'(z) = \varrho^m B(z, \varrho)\, X \tag{8.5}$$

mit der Abkürzung

$$B = P^{-1} A P - \frac{P^{-1} P'}{\varrho^m}. \tag{8.6}$$

3. *Schritt.* Die Matrix $P(z, \varrho)$ bestimmen wir nun so, daß (8.5) ein zerfallendes System wird. Dazu multiplizieren wir (8.6) links mit $P(z, \varrho)$ und erhalten für $P(z, \varrho)$ das System erster Ordnung

$$P'(z, \varrho) = \varrho^m (AP - PB), \tag{8.7}$$

in dem außerdem $B(z, \varrho)$ unbekannt ist. Zur Lösung von (8.7) machen wir die Reihenansätze

$$P(z, \varrho) = \sum_{\nu=0}^{\infty} \frac{P_\nu(z)}{\varrho^\nu}, \quad B(z, \varrho) = \sum_{\nu=0}^{\infty} \frac{B_\nu(z)}{\varrho^\nu}.$$

(8.7) geht damit über in

$$\sum_{\nu=m}^{\infty} P'_{\nu-m} \varrho^{m-\nu} = \sum_{\nu=0}^{\infty} \left[\sum_{\mu=0}^{\nu} A_{\nu-\mu} P_\mu - P_\mu B_{\nu-\mu} \right] \varrho^{m-\nu},$$

woraus man durch Koeffizientenvergleich in ϱ das rekursive System

$$A_0 P_0 - P_0 B_0 = 0,$$

$$A_0 P_\nu - P_\nu B_0 = \sum_{\mu=0}^{\nu-1} (P_\mu B_{\nu-\mu} - A_{\nu-\mu} P_\mu), \tag{8.8}$$

$$\nu = 1, \ldots, m-1,$$

$$A_0 P_\nu - P_\nu B_0 = \sum_{\mu=0}^{\nu-1} (P_\mu B_{\nu-\mu} - A_{\nu-\mu} P_\mu) + P'_{\nu-m},$$

$v \geqq m$ gewinnt. Wenn (8.5) ein zerfallendes System werden soll, dann müssen die $\boldsymbol{B}_v(z)$ Diagonalmatrizen sein. Diesem Ziel entsprechend wählen wir

$$\boldsymbol{P}_0(z) = \boldsymbol{E}, \quad \boldsymbol{B}_0(z) = \boldsymbol{A}_0(z),$$

womit die erste der Matrixgleichungen (8.8) bereits erfüllt ist. Alle weiteren Matrixgleichungen (8.8) sind von der Form

$$\boldsymbol{A}_0(z)\,\boldsymbol{P}_v(z) - \boldsymbol{P}_v(z)\,\boldsymbol{A}_0(z) = \boldsymbol{B}_v(z) - \boldsymbol{F}_v(z), \qquad (8.9)$$

wobei sich die $\boldsymbol{F}_v(z)$ aus den in den vorangehenden Schritten ermittelten $\boldsymbol{P}_\mu(z), \boldsymbol{B}_\mu(z), \mu < v$, zusammensetzen und damit bekannte Matrizen darstellen. Zur Lösung von (8.9) macht man die Ansätze

$$\boldsymbol{P}_v(z) = \begin{bmatrix} 0 & p_{12}^v(z) \cdots\cdots & p_{1n}^v(z) \\ p_{21}^v(z) & 0 & p_{23}^v(z) \cdots p_{2n}^v(z) \\ \cdots\cdots\cdots\cdots\cdots\cdots \\ p_{n1}^v(z) & \cdots\cdots p_{n,n-1}^v(z) & 0 \end{bmatrix},$$

$$\boldsymbol{B}_v(z) = \begin{bmatrix} b_{11}^v(z) & & 0 \\ & b_{22}^v(z) & \\ & & \ddots & \\ 0 & & b_{nn}^v(z) \end{bmatrix},$$

wobei v kein Exponent ist, sondern den v-ten Schritt andeuten soll. Aus (8.9) ergeben sich damit für die unbestimmt angesetzten Elemente $p_{K\mu}^v(z)$, $b_{\mu\mu}^v(z)$, n^2 skalare Gleichungen.

So folgt beispielsweise für $n = 2$

$$\begin{bmatrix} \lambda_1(z) & 0 \\ 0 & \lambda_2(z) \end{bmatrix} \begin{bmatrix} 0 & p_{12}^v(z) \\ p_{21}^v(z) & 0 \end{bmatrix} - \begin{bmatrix} 0 & p_{12}^v(z) \\ p_{21}^v(z) & 0 \end{bmatrix} \begin{bmatrix} \lambda_1(z) & 0 \\ 0 & \lambda_2(z) \end{bmatrix}$$

$$= \begin{bmatrix} b_{11}^v(z) & 0 \\ 0 & b_{22}^v(z) \end{bmatrix} - \begin{bmatrix} f_{11}^v(z) & f_{12}^v(z) \\ f_{21}^v(z) & f_{22}^v(z) \end{bmatrix},$$

oder nach Multiplikation

$$\begin{bmatrix} 0 & \lambda_1 p_{12}^\nu \\ \lambda_2 p_{21}^\nu & 0 \end{bmatrix} - \begin{bmatrix} 0 & \lambda_2 p_{12}^\nu \\ \lambda_1 p_{21}^\nu & 0 \end{bmatrix} = \begin{bmatrix} b_{11}^\nu - f_{11}^\nu & -f_{12}^\nu \\ -f_{21}^\nu & b_{22}^\nu - f_{22}^\nu \end{bmatrix},$$

woraus sich aus der Gleichheitsdefinition für Matrizen die 4 skalaren Gleichungen

$$b_{11}^\nu(z) - f_{11}^\nu(z) = 0,$$

$$p_{12}^\nu(z)\,[\lambda_1(z) - \lambda_2(z)] = -f_{12}^\nu(z),$$

$$p_{21}^\nu(z)\,[\lambda_2(z) - \lambda_1(z)] = -f_{21}^\nu(z),$$

$$b_{22}^\nu(z) - f_{22}^\nu(z) = 0$$

ergeben.

Das wesentlichste Ergebnis dieses 3. Schrittes ist, daß (8.5) aufgrund der Diagonalstruktur der $\boldsymbol{B}_\nu(z)$ ein zerfallendes System ist und damit wie eine skalare DGL 1. Ordnung gelöst werden kann. Die Kette der Vereinfachungen von (8.1) hat somit das angestrebte Ziel erreicht. Von Y. Sibuya [21] wurde nachgewiesen, daß die sich nach diesem formalen Algorithmus ergebende Matrix

$$\boldsymbol{H} = \boldsymbol{T}(z)\ \boldsymbol{P}(z, \varrho)\ \boldsymbol{X}$$

unter den genannten Voraussetzungen für $\varrho \to \infty$ ein asymptotisches Fundamentalsystem von (8.1) darstellt.

Beispiel.

$$\varepsilon\eta''(z) - (1 + z)\,\eta'(z) - (2 + z)\,\eta = 0.$$

Mit $\eta = \eta_1,\ \eta' = \eta_2,\ \varrho = \varepsilon^{-1}$ erhält man das äquivalente System

$$\begin{bmatrix} \eta_1'(z) \\ \eta_2'(z) \end{bmatrix} = \varrho \left\{ \begin{bmatrix} 0 & 0 \\ 2 + z & 1 + z \end{bmatrix} + \frac{1}{\varrho} \begin{bmatrix} 0 & 1 \\ 0 & 0 \end{bmatrix} \right\} \begin{bmatrix} \eta_1 \\ \eta_2 \end{bmatrix}$$

oder

$$\boldsymbol{H}'(z) = \varrho \left[\boldsymbol{\Pi}_0(z) + \frac{\boldsymbol{\Pi}_1(z)}{\varrho} \right] \boldsymbol{H} \qquad (8.10)$$

mit

$$\Pi_0(z) = \begin{bmatrix} 0 & 0 \\ 2+z & 1+z \end{bmatrix}, \quad \Pi_1(z) = \begin{bmatrix} 0 & 1 \\ 0 & 0 \end{bmatrix}.$$

Die charakteristische Gleichung

$$|\Pi_0(z) - \lambda E| = 0$$

hat die in Ω voneinander verschiedenen Wurzeln $\lambda_1(z) = 0$, $\lambda_2(z) = 1+z$. Die Elemente der Transformationsmatrix $T(z)$ berechnen sich damit aus der Matrixgleichung

$$\begin{bmatrix} 0 & 0 \\ 2+z & 1+z \end{bmatrix} \begin{bmatrix} \tau_{11} & \tau_{12} \\ \tau_{21} & \tau_{22} \end{bmatrix} = \begin{bmatrix} \tau_{11} & \tau_{12} \\ \tau_{21} & \tau_{22} \end{bmatrix} \begin{bmatrix} \lambda_1(z) & 0 \\ 0 & \lambda_2(z) \end{bmatrix}.$$

Es folgt

$$T(z) = \begin{bmatrix} 1 & 0 \\ -\dfrac{2+z}{1+z} & 1 \end{bmatrix}, \quad T^{-1}(z) = \begin{bmatrix} 1 & 0 \\ \dfrac{2+z}{1+z} & 1 \end{bmatrix}.$$

Damit ist

$$T^{-1}(z)\,\Pi_0(z)\,T(z) = \begin{bmatrix} 0 & 0 \\ 0 & 1+z \end{bmatrix} = A_0(z),$$

$$T^{-1}(z)\,\Pi_1(z)\,T(z) - T^{-1}(z)\,T'(z) =$$

$$= \begin{bmatrix} -1 - \dfrac{1}{1+z} & 1 \\ -1 - \dfrac{2}{1+z} - \dfrac{2}{(1+z)^2}, & 1 + \dfrac{1}{1+z} \end{bmatrix} = A_1(z).$$

Das System (8.10) geht daher mit der Substitution $H = T(z)\,Y$ über in

$$Y'(z) = [\varrho A_0(z) + A_1(z)]\,Y. \qquad (8.11)$$

Setzen wir weiterhin

$$Y = \left[E + \sum_{\nu=1}^{\infty} \frac{P_\nu(z)}{\varrho^\nu} \right] X, \quad P_\nu(z) = \begin{bmatrix} 0 & p_{12}^\nu \\ p_{21}^\nu & 0 \end{bmatrix},$$

so folgt aus (8.11) das zerfallende System

$$\boldsymbol{X}'(z) = \varrho \left[\boldsymbol{A}_0(z) + \sum_{\nu=1}^{\infty} \frac{\boldsymbol{B}_\nu(z)}{\varrho^\nu} \right] \boldsymbol{X}, \quad \boldsymbol{B}_\nu(z) = \begin{bmatrix} b_{11}^\nu & 0 \\ 0 & b_{22}^\nu \end{bmatrix}$$

mit

$$\boldsymbol{P}_1(z) = \begin{bmatrix} 0 & -\dfrac{1}{z+1} \\[2mm] \dfrac{(z+2)^2+1}{(z+1)^3}, & 0 \end{bmatrix},$$

$$\boldsymbol{B}_1(z) = \begin{bmatrix} -\dfrac{z+2}{z+1} & 0 \\[2mm] 0 & \dfrac{z+2}{z+1} \end{bmatrix}.$$

Beschränkt man sich auf $\nu = 1$, dann ergibt sich in erster Näherung

$$\boldsymbol{X}_A = \begin{bmatrix} \dfrac{1}{z+1}\,\mathrm{e}^{-z} & 0 \\[2mm] 0 & (1+z)\exp\left(\varrho \int (z+1)\,\mathrm{d}z + z\right) \end{bmatrix}$$

bzw.

$$\boldsymbol{H}_A = \begin{bmatrix} \dfrac{1}{z+1}\,\mathrm{e}^{-z} & 0 \\[2mm] -\dfrac{z+2}{(z+1)^2}\,\mathrm{e}^{-z}, & (1+z)\exp\left(\varrho \int (z+1)\,\mathrm{d}z + z\right) \end{bmatrix}.$$

8.2. $\Pi_0(0)$ *hat mehrfache Eigenwerte*

In diesem Fall ist die Herleitung eines asymptotischen Fundamentalsystems bedeutend komplizierter. Das Grundprinzip besteht weiterhin in einer schrittweisen Vereinfachung des Systems (8.1). Hierfür hat man zwei Möglichkeiten: die Reduktion der Ordnung des Systems und die Reduktion des Grades m der Singularität.

Die Reduktion der Ordnung des Systems kann man durch Blockdiagonalisierung erreichen. Zur Vereinfachung nehmen wir an, $\Pi_0(0)$ habe einen p-fachen Eigenwert und alle anderen seien voneinander verschieden:

$$\lambda_1 = \cdots = \lambda_p, \quad \lambda_{p+1}, \ldots, \lambda_n,$$

$\lambda_p \neq \lambda_\mu$, $\mu > p$. Weiterhin nehmen wir an, $\Pi_0(0)$ habe bereits die Diagonalform

$$\Pi_0(0) = \begin{bmatrix} \Pi_0{}^{11} & 0 \\ 0 & \Pi_0{}^{22} \end{bmatrix},$$

wobei $\Pi_0{}^{11}$ und $\Pi_0{}^{22}$ die Eigenwerte $\lambda_1, \ldots, \lambda_p$ und $\lambda_{p+1}, \ldots, \lambda_n$ haben. Andernfalls kann man dies durch eine vorgeschaltete Ähnlichkeitstransformation stets erreichen (vgl. Anhang).

Es existiert dann eine Matrixfunktion $T(z)$, die neben ihrer Umkehrmartix $T^{-1}(z)$ in $z = 0$ regulär ist, so daß

$$T^{-1}(z)\, \Pi_0(z)\, T(z) = \begin{bmatrix} A_0{}^{11}(z) & 0 \\ 0 & A_0{}^{22}(z) \end{bmatrix} = A_0(z). \qquad (8.12)$$

Sei

$$\Pi_0(z) = \begin{bmatrix} M_{11}(z) & M_{12}(z) \\ M_{21}(z) & M_{22}(z) \end{bmatrix},$$

wobei $M_{11}(0) = \Pi_0{}^{11}$, $M_{12}(0) = 0$, $M_{21}(0) = 0$, $M_{22}(0) = \Pi_0{}^{22}$, dann berechnet sich die Transformationsmatrix mit dem Ansatz

$$T(z) = \begin{bmatrix} E & T_{12}(z) \\ T_{21}(z) & E \end{bmatrix}$$

aus (8.12) wie im Anhang dargelegt. Substituiert man in (8.1) mit der so festgelegten Matrix $T(z)$

$$H = T(z)\, Y,$$

so findet man das System

$$Y'(z) = \varrho^m \sum_{\nu=0}^{\infty} \frac{A_\nu(z)}{\varrho^\nu}\, Y = \varrho^m A(z, \varrho)\, Y, \qquad (8.13)$$

in dem $A_0(z)$ die Blockdiagonalform (8.12) hat. Der weitere Vereinfachungsalgorithmus verläuft nun analog

wie im Fall einfacher Eigenwerte. Demzufolge setzen wir
in (8.13)

$$Y = P(z, \varrho)\, X$$

und bezeichnen das neue System durch

$$X'(z) = \varrho^m B(z, \varrho)\, X \qquad\qquad '8.14)$$

mit

$$B(z, \varrho) = P^{-1}AP - \varrho^{-m}P^{-1}P'.$$

Nach linksseitiger Multiplikation mit $P(z, \varrho)$ ergibt si h
hieraus für $P(z, \varrho)$ und $B(z, \varrho)$ das System

$$P'(z, \varrho) = \varrho^m[AP - PB],$$

woraus sich mit den Reihenansätzen

$$P(z, \varrho) = \sum_{\nu=0}^{\infty} \frac{P_\nu(z)}{\varrho^\nu}, \quad B(z, \varrho) = \sum_{\nu=0}^{\infty} \frac{B_\nu(z)}{\varrho^\nu}$$

durch Koeffizientenvergleich in ϱ die Matrixgleichungen

$$\begin{aligned}
A_0 P_0 - P_0 A_0 &= 0 \\
A_0 P_\nu - P_\nu A_0 &= B_\nu - F_\nu
\end{aligned} \qquad (8.15)$$

ergeben. Dabei ist $F_\nu(z) = F_\nu(P_0, \ldots, P_{\nu-1}, B_0, \ldots, B_{\nu-1})$,
d. h., $F_\nu(z)$ ist aufgrund der vorhergehenden Schritte be-
kannt. Wählt man

$$P_0(z) = E, \quad B_0(z) = A_0(z),$$

$$P_\nu(z) = \begin{bmatrix} 0 & P_\nu{}^{12}(z) \\ P_\nu{}^{21}(z) & 0 \end{bmatrix}, \quad B_\nu(z) = \begin{bmatrix} B_\nu{}^{11}(z) & 0 \\ 0 & B_\nu{}^{22}(z) \end{bmatrix},$$

so lassen sich die Matrixblöcke $P_\nu{}^{12}(z), P_\nu{}^{21}(z), B_\nu{}^{11}(z), B_\nu{}^{22}(z)$
aus (8.15) eindeutig bestimmen. Das System (8.14) zer-
fällt damit in die beiden Systeme

$$X'_{11}(z) = \varrho^m \sum_{\nu=0}^{\infty} \frac{B_\nu{}^{11}(z)}{\varrho^\nu}\, X_{11}, \qquad (8.16)$$

$$X'_{22}(z) = \varrho^m \sum_{\nu=0}^{\infty} \frac{B_\nu{}^{22}(z)}{\varrho^\nu}\, X_{22} \qquad (8.17)$$

der Ordnung p bzw. $n - p$. Dabei hat $\boldsymbol{B}_0{}^{11}(0)$ nur einen p-fachen EW. Die EW der Matrix $\boldsymbol{B}_0{}^{22}(0)$ stimmen mit den EW von $\Pi_0{}^{22}$ überein. Besitzt $\Pi_0(0)$ außer einem p-fachen EW nur noch einfache voneinander verschiedene EW $\lambda_{p+1}, \ldots, \lambda_n$, dann kann von (8.17), wie im Abschnitt 8.1 dargelegt, ein asymptotisches Fundamentalsystem ermittelt werden. Befinden sich jedoch unter den $\lambda_{p+1}, \ldots, \lambda_n$ noch weitere mehrfache Eigenwerte, dann müßte das System (8.17) wie dargelegt weiter zerlegt werden.

Unter Berücksichtigung der Reduktion der Ordnung wird damit das Problem der asymptotischen Lösung von (8.1) im Fall mehrfacher EW der Matrix $\Pi_0(0)$ auf ein System mit einem einzigen mehrfachen EW λ_0 zurückgeführt. Die Lösungsstrategie derartiger Systeme ist im allgemeinen Fall sehr kompliziert. Zur Vereinfachung beschränken wir uns daher auf $\lambda_0 = 0$ und erläutern das Grundprinzip dieses Verfahrens an dem Beispiel

$$\boldsymbol{Y}'(z) = \varrho \begin{bmatrix} 0 & 1 \\ a(z, \varrho) & 0 \end{bmatrix} \boldsymbol{Y}, \; a(z, \varrho) \sim \sum_{\nu=0}^{\infty} \frac{a_\nu(z)}{\varrho^\nu}. \qquad (8.18)$$

Dieses System entspricht der DGL

$$y''(z) - \varrho^2 a(z, \varrho)\, y = 0. \qquad (8.19)$$

Ist der mehrfache EW von Null verschieden, so kann man das entsprechende System mit der Transformation

$$\boldsymbol{Y} = \boldsymbol{Y}^* \exp(\varrho^m \lambda z)$$

in ein neues überführen, bei dem $\lambda_0 = 0$ ein mehrfacher EW ist.

Voraussetzungen:

1. $a_0(0) = 0$; d. h., $\lambda = 0$ ist ein zweifacher EW. Wir bemerken, das wir (8.19) bereits mit der WKB-Methode unter der wesentlichen Voraussetzung $a_0(z) \neq 0$ asymptotisch gelöst haben. $z = 0$ ist unter der jetzigen Voraussetzung ein Wendepunkt der DGL (8.19).

2. $a(z, 0) \neq 0$; andernfalls wird ϱ^k vor die Koeffizientenmatrix gezogen.

Grundlegend für die Vorgehensweise im Fall eines mehrfachen EW ist der Begriff des charakteristischen Polygons (CP). Besitzen die $a_\nu(z)$ aus (8.18) für $z = 0$ Nullstellen m_ν-ter Ordnung ($m_\nu \geqq 0$), dann wird das CP durch die Punkte

$$R = (1, -1), \quad P_\nu = \left(\frac{\nu}{2}, \frac{m_\nu}{2}\right), \quad \nu = 0, 1, \ldots,$$

mit $m_0 > 0$ (nach Voraussetzung) bestimmt. Zur Konstruktion des CP verbindet man den Punkt $P_0 = \left(0, \dfrac{m_0}{2}\right)$

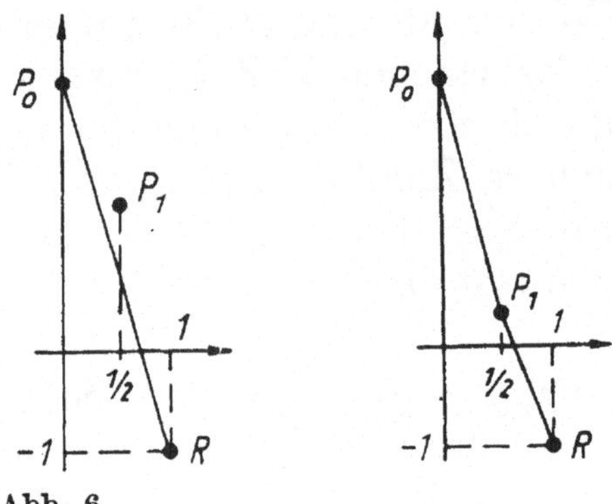

Abb. 6

so mit $R = (1, -1)$, daß keiner der Punkte P_ν unterhalb des CP liegt und das CP konvex ist. Da die x-Koordinate von P_ν für $\nu \geqq 2$ mindestens 1 ist, spielen die Punkte P_ν mit $\nu \geqq 2$ in unserem Fall für die Konstruktion des CP keine Rolle. Es gibt daher zwei Möglichkeiten: P_1 liegt oberhalb oder unterhalb der Geraden P_0R (vgl. Abb. 6). Im ersten Fall nennt man das CP einsegmentig, im zweiten zweisegmentig.

Der Einfachheit halber betrachten wir hier den einsegmentigen Fall. Sei

$$\mu = \frac{2}{m_0 + 2}$$

der negativreziproke Anstieg der Geraden P_0R, dann unterteilt man das Ausgangsgebiet $|z| \leqq |z_0|$ in die beiden Gebiete

äußeres Gebiet G_a: $M\varrho^{-\mu} \leqq |z| \leqq |z_0|$,
inneres Gebiet G_i: $|z| \leqq M\varrho^{-\mu}$
mit M hinreichend groß. Die weitere Behandlung erfolgt in den beiden Gebieten unterschiedlich.

Äußeres Gebiet G_a. Nach Untersuchungen von M. IWANO und Y. SIBUYA [29] substituiert man hier in (8.18)

$$Y = \begin{bmatrix} 1 & 0 \\ 0 & z^{\frac{m_0}{2}} \end{bmatrix} X.$$

Es ergibt sich

$$zX'(z) = \left(z^{\frac{m_0+2}{2}}\,\varrho\right)\left\{\begin{bmatrix} 0 & 1 \\ \dfrac{a_0(z)}{z^{m_0}} & 0 \end{bmatrix} + \sum_{\nu=1}^{\infty} \frac{N_\nu(z)}{\varrho^\nu}\right\} X. \quad (8.20)$$

In G_a gilt

$$\frac{M}{\varrho^\mu} \leqq |z| \quad\text{bzw.}\quad M^{\frac{1}{\mu}} \leqq \left|z^{\frac{1}{\mu}}\,\varrho\right| = \left|z^{\frac{m_0+2}{2}}\,\varrho\right|.$$

Da $M \gg 1$, kann $z^{\frac{m_0+2}{2}}\,\varrho$ formal die Rolle des großen Parameters spielen. Die Matrix

$$\begin{bmatrix} 0 & 1 \\ \dfrac{a_0(z)}{z^{m_0}} & 0 \end{bmatrix}$$

hat für $z = 0$ zwei verschiedene EW, d. h., das transformierte System (8.20) kann in ein zerfallendes System von zwei DGL 1. Ordnung überführt werden.

Inneres Gebiet G_i. Substituiert man in (8.18)

$$Y = \begin{bmatrix} 1 & 0 \\ 0 & \varrho^{-\frac{m_0}{m_0+2}} \end{bmatrix} X$$

und $z = \varrho^{-\mu}\zeta$, dann geht das System über in

$$X'(\zeta) = E(\zeta, \varrho)\,X, \quad E(\zeta, \varrho) \sim \sum_{\nu=0}^{\infty} \frac{E_\nu(\zeta)}{\varrho^\nu},$$

d. h., der Parameter ϱ geht in das transformierte System regulär ein. Eine Lösung für $\varrho \gg 1$ kann mit dem Ansatz

$$X = \sum_{\nu=0}^{\infty} \frac{C_\nu(\zeta)}{\varrho^\nu}$$

durch Koeffizientenvergleich in ϱ ermittelt werden.

Die bei dem Beispiel (8.18) in den Gebieten G_a und G_i erhaltenen Ergebnisse sind typisch für den allgemeinen Fall (vgl. [29]). Entweder man gelangt zum Fall verschiedener einfacher EW, und es gelingt demzufolge, das System zu entkoppeln und in p DGL 1. Ordnung zu überführen, oder der Grad m der Singularität $\varrho = \infty$ erniedrigt sich, und man gelangt zu einem parameterabhängigen System, in dem $\varrho = \infty$ regulär ist.

Beispiel.

$$y''(z) - \varrho^2 \left(z - \frac{1}{\varrho}\right) y = 0.$$

Zugeordnetes System:

$$Y'(z) = \varrho \begin{bmatrix} 0 & 1 \\ z - \dfrac{1}{\varrho} & 0 \end{bmatrix} Y. \tag{8.21}$$

Es ist $m_0 = 1$. Aus dem CP (vgl. Abb. 7) findet man $\mu = \dfrac{2}{m_0 + 2} = \dfrac{2}{3}$. Damit ergibt sich die Unterteilung der Gebiete

$$G_a: \quad M\varrho^{-\frac{2}{3}} \leq |z| \leq |z_0|,$$

$$G_i: \quad |z| \leq M\varrho^{-\frac{2}{3}}.$$

Inneres Gebiet G_i. Die Substitution

$$Y = \begin{bmatrix} 1 & 0 \\ 0 & \varrho^{-\frac{1}{3}} \end{bmatrix} X, \quad z = \varrho^{-\frac{2}{3}} \zeta, \quad \frac{d\zeta}{dz} = \varrho^{\frac{2}{3}}$$

liefert

$$\varrho^{\frac{2}{3}} \frac{\mathrm{d}X}{\mathrm{d}\zeta} = \varrho \begin{bmatrix} 0 & \varrho^{-\frac{1}{3}} \\ z\varrho^{\frac{1}{3}} - \varrho^{-\frac{2}{3}} & 0 \end{bmatrix} X$$

oder

$$\frac{\mathrm{d}X}{\mathrm{d}\zeta} = \begin{bmatrix} 0 & 1 \\ \zeta - \varrho^{-\frac{1}{3}}, & 0 \end{bmatrix} X.$$

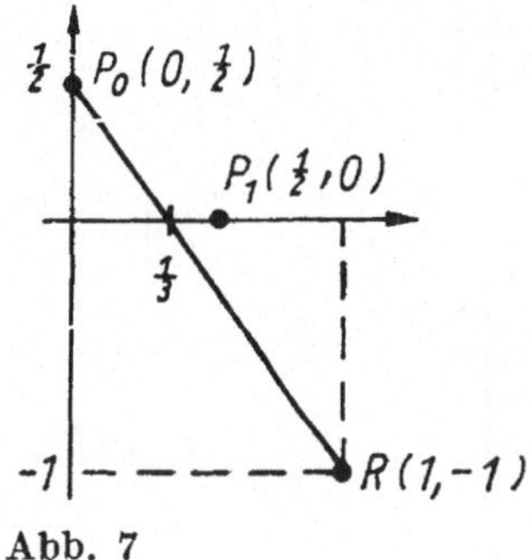

Abb. 7

Dieses transformierte System enthält den Parameter ϱ regulär. Es entspricht der DGL

$$x''(\zeta) - \left(\zeta - \varrho^{-\frac{1}{3}} \right) x = 0.$$

Äußeres Gebiet G_a. Wir substituieren in (8.21)

$$Y = \begin{bmatrix} 1 & 0 \\ 0 & z^{\frac{1}{2}} \end{bmatrix} X.$$

Differentiation liefert

$$Y'(z) = \begin{bmatrix} 1 & 0 \\ 0 & z^{\frac{1}{2}} \end{bmatrix} X'(z) + \begin{bmatrix} 0 & 0 \\ 0, & \frac{1}{2} z^{-\frac{1}{2}} \end{bmatrix} X.$$

Aus (8.21) folgt damit

$$\boldsymbol{X}'(z) = \left\{ \varrho \begin{bmatrix} 0 & z^{\frac{1}{2}} \\ z^{\frac{1}{2}} - \varrho^{-1}z^{-\frac{1}{2}}, & 0 \end{bmatrix} - \begin{bmatrix} 0 & 0 \\ 0 & \frac{1}{2} \end{bmatrix} \right\} \boldsymbol{X}$$

oder

$$X'(z) = \left\{ \varrho \begin{bmatrix} 0 & z^{\frac{1}{2}} \\ z^{\frac{1}{2}} & 0 \end{bmatrix} + \begin{bmatrix} 0 & 0 \\ z^{-\frac{1}{2}} & \frac{1}{2} \end{bmatrix} \right\} X$$

oder

$$zX'(z) = \left(\varrho z^{\frac{3}{2}}\right) \left\{ \begin{bmatrix} 0 & 1 \\ 1 & 0 \end{bmatrix} \right.$$

$$\left. - \left(\varrho^{-1} z^{-\frac{3}{2}}\right) \begin{bmatrix} 0 & 0 \\ z, & \frac{1}{2} z^{\frac{3}{2}} \end{bmatrix} \right\} X. \qquad (8.22)$$

Es ist $\left|\varrho z^{\frac{3}{2}}\right| \gg 1$ ein neuer großer Parameter ϱ^*. Die Matrix

$$\begin{bmatrix} 0 & 1 \\ 1 & 0 \end{bmatrix}$$

hat voneinander verschiedene EW, d. h., durch die Transformation

$$X = \sum_{\nu=0}^{\infty} \frac{\boldsymbol{P}_{\nu}\left(z^{\frac{1}{2}}\right)}{\left(\varrho z^{\frac{3}{2}}\right)^{\nu}} \boldsymbol{Z}$$

kann eine Zerlegung von (8.22) in zwei gewöhnliche DGL 1. Ordnung erfolgen.

9. Methode der Grenzschichtverbesserung

Die Methode der Grenzschichtverbesserung dient zur asymptotischen Lösung parameterabhängiger DGL, bei denen sich für $\varrho \to \infty$ bzw. $\varepsilon \to 0$ die Ordnung der DGL erniedrigt. Sie wurde vorwiegend von A. B. VASIL-JEWA [30], M. J. VISCHIK und L. A. LJUSTERNIK [31] und ECKHAUS [32] entwickelt. Im Gegensatz zu den bisherigen Methoden erfolgt die Konstruktion einer asymptotischen Lösung eines AWP oder RWP auf direktem Wege ohne vorherige Ermittlung eines asymptotischen Fundamental-systems.

9.1. Gewöhnliche lineare RWP 2. Ordnung

Wir erläutern die Methode der Grenzschichtverbesse-rung zunächst an dem RWP

$$\varepsilon y''(x) + a(x)\, y'(x) + b(x)\, y = f(x)$$
$$y(0) = \alpha,\ y(1) = \beta,\ \varepsilon \ll 1. \tag{9.1}$$

Durch eine Variablensubstitution kann ein Intervall $[0, l]$ stets auf $[0, 1]$ transformiert werden. Die Koeffizien-ten $a(x)$, $b(x)$ setzen wir in $[0, 1]$ als beliebig oft differen-zierbar voraus.

1. *Schritt*: Bestimmung der globalen asymptotischen Lösung (GAL). Für eine asymptotische Lösung des RWP (9.1) macht man zunächst den Ansatz

$$y = \sum_{\nu=0}^{\infty} u_\nu(x)\, \varepsilon^\nu. \tag{9.2}$$

Durch Einsetzen in die DGL und Ordnen nach Potenzen von ε erhält man

$$(au_0' + bu_0 - f) + \sum_{\nu=1}^{\infty} (u_{\nu-1}'' + au_\nu' + bu_\nu)\, \varepsilon^\nu = 0,$$

woraus sich durch Koeffizientenvergleich in ε das rekursive System

$$a(x)\,u_0{'}(x) + b(x)\,u_0(x) = f(x),$$

$$a(x)\,u_\nu{'}(x) + b(x)\,u_\nu(x) = -u_{\nu-1}''(x),\ \nu \geq 1, \qquad (9.3)$$

ergibt. Die durch (9.2) eingeführten Funktionen $u_\nu(x)$ sind also Lösungen von DGL 1. Ordnung und enthalten somit nur eine frei wählbare Konstante. Mit der Ansatzstruktur (9.2) kann daher nur eine RB von (9.1) erfüllt werden. Die Wahl dieser RB ist vom Vorzeichen des Koeffizienten $a(x)$ abhängig. Wir behandeln zunächst den Fall $a(x) > 0$, $x \in [0, 1]$, und wählen dementsprechend für (9.2) die Erfüllung der RB am rechten Rand: $y(1) = \beta$. Diese Bedingung wird von (9.2) erfüllt, wenn wir sie dem nullten Glied auferlegen, d. h. $u_0(1) = \beta$ fordern, und alle weiteren Glieder durch $u_\nu(1) = 0$, $\nu = 1, 2, \ldots, N$, festlegen. Die $u_\nu(x)$ sind damit eindeutig aus (9.3) bestimmbar. Die nach dem N-ten Glied abgebrochene Reihe (9.2).

$$u(x) = \sum_{\nu=0}^{N} u_\nu(x)\,\varepsilon^\nu \qquad (9.4)$$

bezeichnen wir als globale asymptotische Lösung (GAL). Sie ist unter bestimmten Voraussetzungen die asymptotische Darstellung der exakten Lösung des RWP mit Ausnahme einer Umgebung des linken Randpunktes, da die Forderung $y(0) = \alpha$ im allgemeinen durch (9.4) nicht erfüllt wird.

2. *Schritt*: Bestimmung der Grenzschichtfunktion. Um eine im ganzen Intervall [0, 1] gültige asymptotische Darstellung der exakten Lösung von (9.1) zu erhalten, überlagern wir die GAL mit einer Korrekturfunktion $v = v(x, \varepsilon)$, die folgenden Bedingungen genügt:

1. Die Summe $u + v$ erfüllt die noch nicht berücksichtigte RB $y(0) = \alpha$.
2. Im Gültigkeitsbereich der GAL ist v vernachlässigbar klein und nur in Umgebung von $x = 0$, der sogenannten Grenzschicht, wird v wesentlich.

Derartige Funktionen bezeichnen wir künftig als Grenzschichtfunktionen. Zur Bestimmung der Grenzschichtfunktion des RWP (9.1) ermitteln wir zunächst die DGL der GAL. Durch Einsetzen von (9.4) in die DGL (9.1) erhält man hierfür unter Berücksichtigung von (9.3)

$$\varepsilon u''(x) + a(x)\, u'(x) + b(x)\, u = f(x) + \varepsilon^{N+1}\, u_N''(x).$$

Subtrahiert man diese DGL von der exakten DGL (9.1), so gewinnt man für die Differenz $y - u = v$ die Fehlergleichung

$$\varepsilon v''(x) + a(x)\, v'(x) + b(x)\, v = -\varepsilon^{N+1} u_N''(x). \qquad (9.5)$$

Die RB von (9.1) übertragen sich auf $v(x)$ zu

$$v(0) = y(0) - u(0) = \alpha - \sum_{\nu=0}^{N} u_\nu(0)\, \varepsilon^\nu,$$

$$v(1) = y(1) - u(1) = \beta - \beta = 0.$$

Da die $u_\nu(x)$ im ersten Schritt bereits eindeutig bestimmt wurden, sind die $u_\nu(0)$ bekannt und damit auch die RB von $v(x)$.

Ein wesentlicher Schritt der Methode der Grenzschichtverbesserung besteht nun in der Durchführung einer Variablenstreckung

$$\xi = \frac{x}{\varepsilon} \quad \text{bzw.} \quad x = \varepsilon\xi \qquad (9.6)$$

in Umgebung des noch unberücksichtigten Randpunktes $x = 0$. Die Fehlergleichung (9.5) geht mit dieser Substitution über in die DGL der Grenzschichtfunktion

$$\frac{d^2 v}{d\xi^2} + a(\varepsilon\xi)\, \frac{dv}{d\xi} + \varepsilon b(\varepsilon\xi)\, v = -\varepsilon^{N+2}\, u_N''(\varepsilon\xi). \qquad (9.7)$$

$v(\xi)$ wird nun in der Form

$$v = \sum_{\nu=0}^{\infty} v_\nu(\xi)\, \varepsilon^\nu \qquad (9.8)$$

angesetzt. Um einen Koeffizientenvergleich in ε durchführen zu können, müssen die Koeffizienten $a(x)$, $b(x)$ in Umgebung des linken Randpunktes $x = 0$ entwickelt werden:

$$a(\varepsilon\xi) = a(x) = \sum_{\nu=0}^{\infty} a_\nu x^\nu = \sum_{\nu=0}^{\infty} a_\nu \varepsilon^\nu \xi^\nu,$$

$$b(\varepsilon\xi) = \sum_{\nu=0}^{\infty} b_\nu \varepsilon^\nu \xi^\nu, \quad a_\nu = \frac{a^{(\nu)}(0)}{\nu!}, \quad b_\nu = \frac{b^{(\nu)}(0)}{\nu!}.$$

(9.7) geht damit über in

$$\sum_{\nu=0}^{\infty} v_\nu''(\xi)\ \varepsilon^\nu + \sum_{\nu=0}^{\infty} a_\nu \varepsilon^\nu \xi^\nu \sum_{\nu=0}^{\infty} v_\nu'(\xi)\ \varepsilon^\nu$$

$$+ \sum_{\nu=0}^{\infty} b_\nu \varepsilon^\nu \xi^\nu \sum_{\nu=0}^{\infty} v_\nu(\xi)\ \varepsilon^{\nu+1} + \varepsilon^{N+2} u_N''(\varepsilon\xi) = 0,$$

woraus durch Ordnen nach Potenzen von ε

$$\sum_{\nu=1}^{\infty} \left[v_\nu'' + \sum_{\mu=0}^{\nu} a_{\nu-\mu}\xi^{\nu-\mu} v_\mu' + \sum_{\mu=0}^{\nu-1} b_{\nu-1-\mu}\xi^{\nu-1-\mu} v_\mu \right] \varepsilon^\nu$$

$$+ \left[v_0'' + a_0 v_0' \right] \varepsilon^0 + \varepsilon^{N+2} u_N''(\varepsilon\xi) = 0$$

folgt. Für die ersten N Glieder gewinnt man hieraus durch Koeffizientenvergleich in ε das rekursive System

$$v_0''(\xi) + a_0 v_0'(\xi) = 0,$$

$$v_\nu''(\xi) + a_0 v_\nu'(\xi) = - \sum_{\mu=0}^{\nu-1} [a_{\nu-\mu}\xi^{\nu-\mu} v_\mu'(\xi) + b_{\nu-1-\mu}\xi^{\nu-1-\mu} v_\mu],$$

wobei Strich Ableitung nach der in der Klammer stehenden Variablen bedeutet. Die nach dem N-ten Glied abgebrochene Reihe (9.8)

$$\bar{v} = \sum_{\nu=0}^{N} v_\nu(\xi)\ \varepsilon^\nu \tag{9.10}$$

ist die gesuchte Grenzschichtfunktion. Die $v_\nu(\xi)$ sind Lösungen von linearen DGL 2. Ordnung mit konstanten

Koeffizienten und enthalten demzufolge zwei frei wählbare Konstanten. In Übereinstimmung mit den auf S. 84 aufgestellten Forderungen für die Grenzschichtfunktion $\bar{v}(\xi)$ verlangen wir:

1. Die Erfüllung der zweiten RB

$$\bar{v}(0) = y(0) - u(0) = \alpha - \sum_{\nu=0}^{N} u_\nu(0)\, \varepsilon^\nu.$$

2. Für feste $x > 0$ aus dem Gültigkeitsbereich der GAL soll $\bar{v}(\xi)$ vernachlässigbar klein sein (wegen $\varepsilon \ll 1$ ist $\xi = \dfrac{x}{\varepsilon} \gg 1$), d. h., $\bar{v}(\xi)$ muß der Abklingbedingung

$$\lim_{\xi \to +\infty} \bar{v}(\xi) = 0$$

genügen. Diese Bedingung wird auch als Matchingbedingung bezeichnet.

Beide Bedingungen sind erfüllt, wenn wir $v_\nu(\xi)$ durch

$$v_0(0) = \alpha - u_0(0),$$

$$v_\nu(0) = -u_\nu(0), \quad \nu \geq 1, \qquad\qquad (9.11)$$

$$\lim_{\xi \to +\infty} v_\nu(\xi) = 0, \quad \nu \geq 0,$$

festlegen.

Wir berechnen nun $v_0(\xi)$ und $v_1(\xi)$ explizit. Die erste DGL von (9.9) ist homogen. Mit dem Ansatz $v_0(\xi) = e^{\lambda \xi}$ ergibt sich die charakteristische Gleichung

$$\lambda^2 + a_0 \lambda = \lambda(\lambda + a_0) = 0$$

mit den Wurzeln $\lambda_1 = -a_0$, $\lambda_2 = 0$. Die allgemeine Lösung lautet daher

$$v_0(\xi) = A_0 + B_0 e^{-a_0 \xi}.$$

Man erkennt, daß sich die Abklingbedingung in (9.11) nur für $a_0 > 0$ erfüllen läßt, wovon wir zu Beginn bei der

Wahl der zu erfüllenden RB der GAL ausgegangen sind. Aus (9.11) erhalten wir $A_0 = 0$, $B_0 = \alpha - u_0(0)$, d. h., es ist

$$v_0(\xi) = [\alpha - u_0(0)]\, e^{-a_0\xi}.$$

Für $\nu = 1$ folgt aus (9.9)

$$v_1''(\xi) + a_0 v_1'(\xi) = -[a_1\xi v_0'(\xi) + b_0 v_0(\xi)]$$
$$= B_0(a_0 a_1 \xi - b_0)\, e^{-a_0\xi}. \qquad (9.12)$$

Die zugeordnete homogene DGL ist von der gleichen Struktur wie die erste von (9.9) und besitzt daher die gleiche Lösungsstruktur

$$v_{1h} = A_1 + B_1 e^{-a_0\xi}.$$

Da $-a_0$ eine einfache Wurzel der charakteristischen Gleichung ist, hat eine partikuläre Lösung $v_1{}^*$ dieser inhomogenen DGL die Struktur

$$v_1{}^* = \xi(C_0 + C_1\xi)\, e^{-a_0\xi},$$

wobei C_0, C_1 durch Vergleich der Koeffizienten von ξ^k eindeutig bestimmbar sind. Die allgemeine Lösung von (9.12) lautet daher

$$v_1(\xi) = v_{1h} + v_1{}^*$$
$$= A_1 + B_1\, e^{-a_0\xi} + \xi(C_0 + C_1\xi)\, e^{-a_0\xi}$$

mit den frei wählbaren Konstanten A_1, B_1. Aus (9.11) erhält man $A_1 = 0$, $B_1 = -u_1(0)$.

Allgemein haben die rechten Seiten von (9.9) die Struktur $e^{-a_0\xi}P_\nu(\xi)$, wobei sich die Polynome $P_\nu(\xi)$ aus den vorhergehenden Schritten zusammensetzen, d. h. bekannt sind. Aufgrund der Theorie der DGL mit konstanten Koeffizienten besitzen die inhomogenen DGL (99) eindeutig bestimmte partikuläre Lösungen der Form

$$v_\nu{}^* = \xi P_\nu{}^*(\xi)\, e^{-a_0\xi},$$

wobei der Grad von $P_\nu{}^*(\xi)$ mit dem von $P_\nu(\xi)$ übereinstimmt. Die allgemeine Lösung von (9.9) lautet daher

$$v_\nu = v_{\nu h} + v_\nu^* = A_\nu + [B_\nu + \xi P_\nu^*(\xi)]\, e^{-a_0 \xi}.$$

Aus (9.11) gewinnt man

$$A_\nu = 0, \quad B_\nu = -u_\nu(0).$$

Damit liegen alle $v_\nu(\xi)$ fest. Die asymptotische Darstellung der exakten Lösung des RWP (9.1) hat somit im Fall $a(x) > 0$ wegen $\bar{v} = y_A - u$ die Form

$$y_A = u + \bar{v} = \sum_{\nu=0}^{N} [u_\nu(x) + v_\nu(\xi)]\, \varepsilon^\nu$$

$$= \sum_{\nu=0}^{N} \left[u_\nu(x) + e^{-\frac{a_0 x}{\varepsilon}} \left(B_\nu + \frac{x}{\varepsilon} P^* \left(\frac{x}{\varepsilon} \right) \right) \right] \varepsilon^\nu.$$

Dabei wird $y(0) = \alpha$ von y_A exakt erfüllt, während $y(1) = \beta$ wegen

$$y_A(1) = \sum_{\nu=0}^{N} \left[u_\nu(1) + e^{-\frac{a_0}{\varepsilon}} \left(B_\nu + \frac{1}{\varepsilon} P_\nu^* \left(\frac{1}{\varepsilon} \right) \right) \right] \varepsilon^\nu$$

nur asymptotisch für $\varepsilon \to 0$ erfüllt wird. Dabei ist zu berücksichtigen, daß $e^{-\frac{a_0}{\varepsilon}}$ für $\varepsilon \to 0$ stärker gegen Null strebt, als ε^{-k} gegen unendlich, d. h., es gilt

$$\lim_{\varepsilon \to 0} e^{-\frac{a_0}{\varepsilon}} \varepsilon^{-k} = 0.$$

Den Fall $a(x) < 0$ kann man völlig analog behandeln. Man hat nur in der Anwendung der dargelegten Methode sinngemäß die Randpunkte $x = 0$ und $x = 1$ zu vertauschen. Der GAL $u(x)$ wird demzufolge die RB $y(0) = \alpha$ auferlegt, und anstelle von (9.6) wird die Variablenstreckung

$$\xi^* = \frac{1 - x}{\varepsilon}$$

eingeführt. Die Koeffizienten $a(x)$, $b(x)$ sind dementsprechend nach Potenzen von $1 - x$ zu entwickeln.

Beispiel für den Fall einer Grenzschicht am rechten Randpunkt $x = 1$:

$$\varepsilon y''(x) - (1 + x)\, y'(x) + y = 0,$$

$$y(0) = \alpha, \quad y(1) = \beta.$$

Es ist $f(x) \equiv 0$, $b(x) \equiv 1$ und $a(x) = -(1 + x)$, d. h., es liegt der Fall $a(x) < 0$ in $[0, 1]$ vor. Das erste Glied der GAL genügt gemäß (9.3) der DGL

$$-(1 + x)\, u_0'(x) + u_0(x) = 0.$$

Durch Trennung der Veränderlichen ergibt sich die allgemeine Lösung

$$u_0(x) = C_0(1 + x).$$

Wegen $a(x) < 0$ wählen wir für die GAL die Erfüllung der RB $y(0) = \alpha$. Dementsprechend werden die $u_\nu(x)$ von (9.4) durch

$$u_0(0) = \alpha, \quad u_\nu(0) = 0, \; \nu = 1, 2, \ldots, N, \qquad (9.13)$$

festgelegt. Hieraus folgt $C_0 = \alpha$. Wegen $u_0''(x) = 0$ genügt $u_1(x)$ der DGL

$$-(1 + x)\, u_1'(x) + u_1(x) = 0 \; \text{mit} \; u_1(x) = C_1(1 + x).$$

Wegen (9.13) ist $C_1 = 0$ und damit $u_1(x) \equiv 0$. Entsprechend ergibt sich $u_\nu(x) \equiv 0$. Die GAL lautet daher

$$u(x) = \alpha(1 + x).$$

Da $u_N''(x) \equiv 0$, reduziert sich die Fehlergleichung (9.5) auf

$$\varepsilon v''(x) - (1 + x)\, v'(x) + v = 0.$$

Mit der Variablenstreckung

$$\xi = \frac{1 - x}{\varepsilon} \quad \text{bzw.} \quad x = 1 - \varepsilon \xi$$

geht diese DGL über in die Grenzschichtgleichung

$$\frac{1}{\varepsilon}\frac{\mathrm{d}^2 v}{\mathrm{d}\xi^2} + \frac{2 - \varepsilon\xi}{\varepsilon}\frac{\mathrm{d}v}{\mathrm{d}\xi}\, v = 0$$

bzw.

$$\frac{\mathrm{d}^2 v}{\mathrm{d}\xi^2} + 2\frac{\mathrm{d}v}{\mathrm{d}\xi} + \varepsilon\left(v - \xi\frac{\mathrm{d}v}{\mathrm{d}\xi}\right) = 0.$$

Mit dem Ansatz (9.8) ergibt sich hieraus durch Koeffizientenvergleich in ε

$$v_0''(\xi) + 2v_0'(\xi) = 0,$$

$$v_\nu''(\xi) + 2v_\nu'(\xi) = \xi v_{\nu-1}'(\xi) - v_{\nu-1}, \; \nu \geqq 1.$$

Die allgemeine Lösung der ersten DGL lautet

$$v_0(\xi) = A_0 + B_0 \mathrm{e}^{-2\xi}.$$

Festlegung der Grenzschichtfunktion $\bar{v}(\xi)$:

1. Erfüllung der rechten RB. Wegen $\bar{v}(x) = y(x) - u(x)$ folgt für $x = 1$

$$\bar{v}(1) = y(1) - u(1) = \beta - 2\alpha,$$

bzw. entsprechend der Variablenstreckung $x = 1 - \varepsilon\xi$

$$\bar{v}(1) = \sum_{\nu=0}^{N} v_\nu(0)\, \varepsilon^\nu = \beta - 2\alpha.$$

Die $v_\nu(\xi)$ legen wir daher durch

$$v_0(0) = \beta - 2\alpha, \; v_\nu(0) = 0, \; \nu \geqq 1,$$

fest.

2. Verschwinden des Einflusses der Grenzschichtfunktion außerhalb der Grenzschicht. Die Grenzschicht ist hier die linke ε-Umgebung des Punktes $x = 1$. Je mehr sich x von $x = 1$ gegen Null bewegt, umso mehr muß $\bar{v}$ verschwinden. Wegen $\xi = \dfrac{1 - x}{\varepsilon}$ und $\varepsilon \ll 1$ ist dies der Fall, wenn wir die Erfüllung der Abklingbedingung

$$\lim_{\xi \to +\infty} v_\nu(\xi) = 0$$

fordern.

Damit sind die Bedingungen zur Festlegung der frei wählbaren Konstanten A_0, B_0 aufgestellt. Man erhält

$$A_0 = 0, \quad B_0 = \beta - 2\alpha.$$

Wegen $v_0 = B_0 e^{-2\xi}$ und $v_0' = -2B_0 e^{-2\xi}$ ergibt sich für das 2. Glied der Grenzschichtfunktion die DGL

$$v_1''(\xi) + 2v_1'(\xi) = -B_0(2\xi + 1)\, e^{-2\xi}. \qquad (9.14)$$

Die allgemeine Lösung der zugeordneten homogenen DGL lautet

$$v_{1h} = A_1 + B_1 e^{-2\xi}.$$

Da -2 eine einfache Wurzel der charakteristischen Gleichung ist, machen wir für eine partikuläre Lösung der inhomogenen DGL (9.14) den Ansatz

$$v_1^* = \xi(C_1 + C_2\xi)\, e^{-2\xi}.$$

Durch Koeffizientenvergleich folgt $C_1 = B_0$, $C_2 = \dfrac{B_0}{2}$. Die allgemeine Lösung von (9.14) ist daher

$$v_1 = v_{1h} + v_1^* = A_1 + \left[B_1 + B_0\xi + \frac{B_0}{2}\, \xi^2 \right] e^{-2\xi}.$$

Die Abklingbedingung und $v_1(0) = 0$ liefern $A_1 = B_1 = 0$. Beschränken wir uns auf $N = 1$, dann gilt

$$y_A = u + \bar{v} = \alpha(1 + x) + (\beta - 2\alpha)\, e^{-\frac{2(1-x)}{\varepsilon}}$$

$$+ \varepsilon \left[(\beta - 2\alpha)\, \frac{1 - x}{\varepsilon} + \frac{\beta - 2\alpha}{2}\, \frac{(1 - x)^2}{\varepsilon^2} \right] e^{-\frac{2(1-x)}{\varepsilon}}.$$

Man kann zeigen, daß dieser Ausdruck eine asymptotische Darstellung der exakten Lösung des gegebenen RWP ist. (Vgl. hierzu [35].)

Anwendungsbeispiel: Berechnung der Konzentrationsänderung eines eindimensionalen stationären Strömungsreaktors. Für große Pecletzahlen $\text{Pe} \gg 1$ genügt dieses

Problem dem RWP

$$\varepsilon\Gamma''(z) - \Gamma'(z) - R(\Gamma) = 0, \quad \varepsilon = \frac{1}{\mathrm{Pe}} \ll 1,$$

$$\Gamma(0) - \varepsilon\Gamma'(0) = 1, \quad \Gamma'(1) = 0.$$

Aufgrund des negativen Vorzeichens des Gliedes $\Gamma'(z)$ besitzt die Lösung des RWP am rechten Rand $z = 1$ eine Grenzschicht. Die GAL wird daher durch die Bedingung am linken Rand $z = 0$ festgelegt. Wir machen für sie den Ansatz

$$\Gamma(z,\,\varepsilon) = \sum_{\nu=0}^{\infty} u_\nu(z)\, \varepsilon^\nu.$$

Zur Linearisierung der DGL entwickeln wir das Reaktionsglied $R(\Gamma)$ nach TAYLOR und wählen zur Vereinfachung

$$\Gamma(z,\,0) = u_0(z) = \Gamma_\infty(z) = \Gamma_\infty$$

als Entwicklungsstelle. Γ_∞ ist das Konzentrationsprofil des idealen Strömungsreaktors, von dem sich der Reaktor unseres Problems ($\mathrm{Pe} \gg 1$) nur wenig unterscheidet. Damit wird

$$R(\Gamma) = R(\Gamma_\infty) + R'(\Gamma_\infty)\,(\Gamma - \Gamma_\infty) + \cdots$$

und

$$\Gamma - \Gamma_\infty = \sum_{\nu=1}^{\infty} u_\nu(z)\, \varepsilon^\nu.$$

Dabei ist zu beachten, daß $R(\Gamma_\infty)$, $R'(\Gamma_\infty)$ Funktionen von z sind. Anstelle der gegebenen DGL legen wir für die folgende Rechnung das Ersatzproblem

$$\varepsilon\Gamma''(z) - \Gamma'(z) - R'(\Gamma_\infty)\,(\Gamma - \Gamma_\infty) = R(\Gamma_\infty) \quad (9.15)$$

zugrunde und erhalten durch Einsetzen des Ansatzes für die GAL

$$\sum_{\nu=0}^{\infty} u_\nu''(z)\, \varepsilon^{\nu+1} - \sum_{\nu=0}^{\infty} u_\nu'(z)\, \varepsilon^\nu - R'(\Gamma_\infty) \sum_{\nu=1}^{\infty} u_\nu(z)\, \varepsilon^\nu = R(\Gamma_\infty)$$

bzw. durch Ordnen nach ε-Potenzen

$$-[u_0'(z) + R(\Gamma_\infty)]$$

$$+ \sum_{\nu=1}^{\infty} [u_{\nu-1}''(z) - u_\nu'(z) - R'(\Gamma_\infty)\, u_\nu]\, \varepsilon^\nu = 0.$$

Für die Glieder der GAL ergibt sich daher das rekursive System

$$u_0'(z) + R(\Gamma_\infty) = u_0'(z) + R[u_0(z)] = 0,$$

$$u_\nu'(z) + R'(\Gamma_\infty)\, u_\nu(z) = u_{\nu-1}''(z),\ \nu = 1, 2, \ldots .$$

Die Anfangsbedingungen für die $u_\nu(z)$ erhält man aus

$$\Gamma(0) - \varepsilon\Gamma'(0) - 1$$

$$= [u_0(0) - 1] + \sum_{\nu=1}^{\infty} [u_\nu(0) - u_{\nu-1}'(0)]\, \varepsilon^\nu = 0.$$

Hieraus folgt

$$u_0(0) = 1,\ u_\nu(0) = u_{\nu-1}'(0),\ \nu = 1, 2, \ldots .$$

Durch Trennung der Veränderlichen findet man damit

$$\int_1^{u_0} \frac{1}{R(u_0)}\, \mathrm{d}u_0 = -\int_0^z \mathrm{d}z = -z,$$

woraus für eine gegebene Funktion $R(\Gamma)$ das 1. Glied $u_0(z)$ der GAL berechnet werden kann. Das 2. Glied $u_1(z)$ genügt dem AWP

$$u_1'(z) + R'(\Gamma_\infty)\, u_1 = u_0''(z),\ u_1(0) = u_0'(0).$$

Unter Benutzung von $u_0'(z) = -R(u_0)$ folgt hieraus

$$\frac{\mathrm{d}u_1}{\mathrm{d}u_0}\frac{\mathrm{d}u_0}{\mathrm{d}z} + R'(u_0)u_1 = -\frac{\mathrm{d}R}{\mathrm{d}u_0}\frac{\mathrm{d}u_0}{\mathrm{d}z}$$

oder

$$-\frac{\mathrm{d}u_1}{\mathrm{d}u_0} R(u_0) + R'(u_0)\, u_1 = R'(u_0)\, R(u_0).$$

Dividiert man diesen Ausdruck durch $R^2(u_0)$, so findet man schließlich

$$-\frac{\mathrm{d}}{\mathrm{d}u_0}\left(\frac{u_1}{R}\right) = \frac{R'(u_0)}{R(u_0)} = \frac{\mathrm{d}\ln R(u_0)}{\mathrm{d}u_0},$$

woraus sich durch Integration

$$u_1 = R(u_0)\,[A - \ln R(u_0)]$$

mit einer beliebigen Konstanten A ergibt. Aus der AB

$$u_1(0) = R[u_0(0)]\,\{A - \ln R[u_0(0)]\} = -R[u_0(0)]$$

folgt $A = \ln R[u_0(0)] - 1$. Beschränken wir uns auf $N = 1$, dann hat die GAL die Gestalt

$$u(z) = u_0(z) + \varepsilon u_1(z)$$
$$= u_0(z) + \varepsilon R[u_0(z)]\,\{\ln R[u_0(0)] - 1 - \ln R[u_0(z)]\}.$$

Sie genügt wegen $u_0 = \Gamma_\infty$ der DGL

$$\varepsilon u''(z) - u'(z) - R'(\Gamma_\infty)\,(u - \Gamma_\infty) = R(\Gamma_\infty) + \varepsilon^2 u_1''(z).$$

Durch Subtraktion von der Ausgangsgleichung (9.15) ergibt sich für den Fehler $v = \Gamma - u$ die DGL

$$\varepsilon v''(z) - v'(z) - R'(\Gamma_\infty)\,v = -\varepsilon^2 u_1''(z),$$

die mit der Variablenstreckung

$$\zeta = \frac{1 - z}{\varepsilon},\; z = 1 - \varepsilon\zeta$$

in die Grenzschichtgleichung

$$v''(\zeta) + v'(\zeta) - \varepsilon R'(\Gamma_\infty)\,v = -\varepsilon^3 u_1''(z)$$

übergeht. Der Koeffizient $R'[\Gamma_\infty(z)]$ wird nach Potenzen von $1 - z$ entwickelt:

$$R'[\Gamma_\infty(z)] = \sum_{\nu=0}^{\infty} a_\nu(1 - z)^\nu = \sum_{\nu=0}^{\infty} a_\nu \zeta^\nu \varepsilon^\nu.$$

7*

Setzt man nun

$$v(\zeta) = \sum_{\nu=0}^{\infty} v_\nu(\zeta)\, \varepsilon^\nu,$$

so ergeben sich durch Koeffizientenvergleich in ε aus der Grenzschichtgleichung für die ersten beiden Glieder der Grenzschichtfunktion die DGL

$$v_0{}''(\zeta) + v_0{}'(\zeta) = 0$$

$$v_1{}''(\zeta) + v_1{}'(\zeta) = a_0 v_0(\zeta).$$

$z = 1$ entspricht $\zeta = 0$. Aus der RB $\Gamma''(1) = 0$ folgt daher wegen $\Gamma = u + v$

$$\Gamma'(1) = \frac{\mathrm{d}u(1)}{\mathrm{d}z} - \frac{1}{\varepsilon}\,\frac{\mathrm{d}v_0(0)}{\mathrm{d}\zeta} - \frac{\mathrm{d}v_1(0)}{\mathrm{d}\zeta} = 0.$$

Wir treffen die Festlegung

$$\frac{\mathrm{d}v_0(0)}{\mathrm{d}\zeta} = 0,\quad \frac{\mathrm{d}v_1(0)}{\mathrm{d}\zeta} = \frac{\mathrm{d}u(1)}{\mathrm{d}z}.$$

Weiterhin müssen die $v_\nu(\zeta)$ der Abklingbedingung

$$\lim_{\zeta \to +\infty} v_\nu(\zeta) = 0$$

genügen. Für $v_0(\zeta)$ findet man aus der DGL die allgemeine Lösung

$$v_0(\zeta) = A + B\mathrm{e}^{-\zeta}.$$

Die Abklingbedingung liefert zunächst $A = 0$. Aus $\dfrac{\mathrm{d}v_0(0)}{\mathrm{d}\zeta} = 0$ folgt $B = 0$, d. h., es ist $v_0(\zeta) \equiv 0$. Damit hat die DGL für $v_1(\zeta)$ die allgemeine Lösung

$$v_1(\zeta) = D + E\mathrm{e}^{-\zeta}.$$

Aus der Abklingbedingung folgt $D = 0$. Für E ergibt sich

aus $\dfrac{\mathrm{d}v_1(0)}{\mathrm{d}\zeta} = \dfrac{\mathrm{d}u(1)}{\mathrm{d}z}$ mit $u_0 = \Gamma_\infty$ die Beziehung

$$-E = u_0{}'(1) + \varepsilon u_1{}'(1)$$

$$= \Gamma_\infty{}'(1) + \varepsilon R'[\Gamma_\infty(1)]\,\Gamma_\infty{}'(1)\,[A - \ln R[\Gamma_\infty(1)] - 1].$$

Wegen

$$\Gamma_\infty{}' + R(\Gamma_\infty) = 0,\ A = \ln R[\Gamma_\infty(0)] - 1$$

folgt hieraus

$$E = R[\Gamma_\infty(1)]\left\{1 + \varepsilon R'[\Gamma_\infty(1)]\left(\ln \frac{R[\Gamma_\infty(0)]}{R[\Gamma_\infty(1)]} - 2\right)\right\}.$$

In erster Näherung wird damit die Konzentrationsänderung des eindimensionalen Strömungsreaktors asymptotisch für $\dfrac{1}{\mathrm{Pe}} = \varepsilon \ll 1$ durch

$$\Gamma_A(z) = u_0(z) + v_0(\zeta) + \varepsilon[u_1(z) + v_1(\zeta)]$$

$$= \Gamma_\infty(z) + \varepsilon R[\Gamma_\infty(z)]\left\{\ln \frac{R[\Gamma_\infty(0)]}{R[\Gamma_\infty(z)]} - 1\right\} + \varepsilon E\mathrm{e}^{-\frac{1-z}{\varepsilon}}$$

beschrieben.

9.2. Gewöhnliche lineare AWP 2. Ordnung

Zur Erweiterung der bisher dargelegten Methode der Grenzschichtverbesserung auf AWP betrachten wir

$$\varepsilon y''(x) + a(x)\,y'(x) + b(x)\,y = f(x),$$
$$y(0) = \alpha,\ y'(0) = \delta,\ a(x) > 0. \tag{9.16}$$

Wegen $a(x) > 0$ liegt die Grenzschicht in Umgebung von $x = 0$. Für die GAL $u(x)$ und die Grenzschichtfunktion $v(\xi)$ macht man ebenfalls die Reihenansätze

$$u(x) = \sum_{\nu=0}^{N} u_\nu(x)\,\varepsilon^\nu,\ v(\xi) = \sum_{\nu=0}^{N} v_\nu(\xi)\,\varepsilon^\nu$$

und erhält analog wie beim RWP für die unbestimmt eingeführten Funktionen $u_\nu(x)$, $v_\nu(\xi)$ die rekursiven Systeme (9.3) und (9.9) mit der Variablenstreckung $\xi = \dfrac{x}{\varepsilon}$. Die Anfangsbedingungen beider Systeme sind miteinander verflochten, so daß die Bestimmung von $u_\nu(x)$ und $v_\nu(\xi)$ schrittweise im Wechsel vorgenommen werden muß. Wegen

$$y_A(x) = u(x) + v(\xi) = \sum_{\nu=0}^{N} \left[u_\nu(x) + v_\nu(\xi) \right] \varepsilon^\nu$$

folgt zunächst aus der AB an der Stelle $x = 0$

$$y_A(0) = \sum_{\nu=0}^{N} \left[u_\nu(0) + v_\nu(0) \right] \varepsilon^\nu = \alpha.$$

Diese Forderung an die $u_\nu(x)$, $v_\nu(\xi)$ wird erfüllt, wenn wir

$$u_0(0) + v_0(0) = \alpha,$$

$$u_\nu(0) + v_\nu(0) = 0, \quad \nu = 1, 2, \ldots, N,$$

festlegen. Entsprechend erhalten wir wegen

$$\frac{\mathrm{d}y_A}{\mathrm{d}x} = \sum_{\nu=0}^{N} \left[\frac{\mathrm{d}u_\nu}{\mathrm{d}x} + \frac{1}{\varepsilon} \frac{\mathrm{d}v_\nu}{\mathrm{d}\xi} \right] \varepsilon^\nu$$

$$y_A{}'(0) = \sum_{\nu=0}^{N} \left[u_\nu{}'(0) + \frac{1}{\varepsilon} v_\nu{}'(0) \right] \varepsilon^\nu = \delta,$$

bzw.

$$y_A{}'(0) = v_0{}'(0) + \sum_{\nu=0}^{N-1} \left[u_\nu{}'(0) + v'_{\nu+1}(0) \right] \varepsilon^\nu + u_N{}'(0)\, \varepsilon^N = \delta.$$

Wählen wir $v_0{}'(0) = 0$ und

$$u_0{}'(0) + v_1{}'(0) = \delta,$$

$$u_\nu{}'(0) + v'_{\nu+1}(0) = 0,$$

dann wird die zweite AB asymptotisch für $\varepsilon \to 0$ durch

$$y_A{}'(0) = \delta + \varepsilon^N u_N{}'(0)$$

erfüllt. Mit diesen Festlegungen kann nun die wechselseitige Lösung der Systeme (9.3) und (9.9) vorgenommen werden.

1. *Schritt*: Bestimmung von $v_0(\xi)$. Das erste Glied der Grenzschichtfunktion genügt gemäß (9.9) dem AWP

$$v_0''(\xi) + a_0 v_0'(\xi) = 0,$$

$$v_0(0) = \alpha - u_0(0), \quad v_0'(0) = 0.$$

Die allgemeine Lösung der DGL ist

$$v_0(\xi) = A_0 e^{-a_0\xi} + B_0,$$

$$v_0'(\xi) = -A_0 a_0 e^{-a_0\xi}.$$

Aus den AB folgt

$$v_0(\xi) = \alpha - u_0(0).$$

Außerhalb der Grenzschicht muß $v_0(\xi)$ vernachlässigbar klein werden. Dies ist der Fall, wenn $v_0(\xi)$ der Abklingbedingung

$$\lim_{\xi \to +\infty} v_0(\xi) = 0$$

genügt. Hieraus findet man

$$v_0(\xi) \equiv 0,$$

wodurch die AB $u_0(0) = \alpha$ festgelegt wird.

2. *Schritt*: Bestimmung von $u_0(x)$. Das erste Glied der GAL genügt gemäß (9.3) dem AWP

$$a(x)\, u_0'(x) + b(x)\, u_0(x) = f(x), \quad u_0(0) = \alpha.$$

Die DGL ist linear und von erster Ordnung. Mit dem Produktansatz $u_0(x) = g(x) \cdot h(x)$ zerfällt die DGL in die beiden Ersatzprobleme

$$h'(x) + \frac{b(x)}{a(x)}\, h = 0, \quad h(0) = h_0,$$

$$g'(x) = \frac{f(x)}{a(x)\, h(x)}, \quad g(0) = g_0, \quad h_0 g_0 = u_0(0) = \alpha$$

mit getrennten Variablen. Für die Hilfsfunktionen $g(x)$, $h(x)$ gewinnt man hieraus

$$h(x) = h_0 e^{-\int_0^x \frac{b(t)}{a(t)}\,dt}$$

$$g(x) = g_0 + \frac{1}{h_0}\int_0^x \frac{f(s)}{a(s)}\,e^{\int_0^s \frac{b(t)}{a(t)}dt}\,ds,$$

womit sich

$$u_0(x) = \exp\left(-\int_0^x \frac{b(t)}{a(t)}\,dt\right)\left[\alpha + \int_0^x \exp\left(\int_0^s \frac{b(t)}{a(t)}\,dt\right)\frac{f(s)}{a(s)}\,ds\right]$$

ergibt. Für die Fortsetzung des Lösungsalgorithmus kann hieraus

$$u_0{}'(0) = \frac{f(0) - \alpha b(0)}{a(0)}$$

berechnet werden.

3. *Schritt*: Bestimmung von $v_1(\xi)$. Die Funktion $v_1(\xi)$ genügt nach (9.9) dem AWP

$$v_1{}''(\xi) + a_0 v_1{}'(\xi) = -[a_1 \xi v_0{}'(\xi) + b_0 v_0(\xi)],$$

$$v_1(0) = -u_1(0), \quad v_1{}'(0) = \delta - u_0{}'(0).$$

Da $v_0(\xi) \equiv 0$, reduziert sich die DGL auf die zugeordnete homogene DGL. Die allgemeine Lösung ist

$$v_1(\xi) = A_1 e^{-a_0 \xi} + B_1.$$

Aus den Anfangsbedingungen folgt

$$A_1 = \frac{u_0{}'(0) - \delta}{a_0} = \gamma, \quad B_1 = -\gamma - u_1(0).$$

Da $u_1(0)$ unbekannt ist, ist auch B_1 zunächst noch unbekannt. Die Festlegung von B_1 erfolgt wieder mit der Abklingbedingung

$$\lim_{\xi \to +\infty} v_1(\xi) = B_1 = 0$$

der Grenzschichtfunktion. Hieraus folgt $\gamma + u_1(0) = 0$ bzw. $u_1(0) = -\gamma$, womit die AB für $u_1(x)$ bestimmt ist. Es ist

$$v_1(\xi) = \frac{u_0{}'(0) - \delta}{a_0}\, \mathrm{e}^{-a_0\xi}.$$

4. *Schritt*: Bestimmung von $u_1(x)$. Die Funktion $u_1(x)$ genügt dem AWP

$$a(x)\, u_1{}'(x) + b(x)\, u_1(x) = -u_0{}''(x),\ u_1(0) = -\gamma.$$

Dies ist wieder eine lineare DGL 1. Ordnung mit bekannter rechter Seite $u_0{}''(x)$. Die Funktion $u_1(x)$ kann daher völlig analog wie $u_0(x)$ bestimmt werden. Aus der sich ergebenden Lösung wird der Anfangswert $u_1{}'(0)$ zur Berechnung von $v_2(\xi)$ ermittelt.

In analoger Weise kann der Algorithmus je nach gewünschter Genauigkeit der asymptotischen Lösung $y_A(x)$ fortgesetzt werden. Für $N = 1$ ist

$$y_A(x) = u_0(x) + v_0(\xi) + \varepsilon[u_1(x) + v_1(\xi)]$$

eine asymptotische Darstellung der exakten Lösung des AWP (9.16). Dabei wird die AB $y(0) = \alpha$ exakt erfüllt, während $y'(0) = \delta$ nur asymptotisch für kleine ε befriedigt wird:

$$y_A{}'(0) = \delta + \varepsilon u_1{}'(0).$$

Allgemein besteht jeder Gesamtschritt des Lösungsalgorithmus für AWP aus den beiden Einzelschritten:

1. Berechnung von $v_\nu(\xi)$ aus dem System (9.9) der Grenzschichtfunktion mit den Anfangsbedingungen

$$v_\nu(0) = -u_\nu(0),\ v_\nu{}'(0) = -u_{1-\nu}'(0).$$

Dabei ist $u'_{\nu-1}(0)$ aus dem vorhergehenden $(\nu-1)$-ten Schritt bekannt. Die Festlegung des unbekannten Wertes $u_\nu(0)$ erfolgt mit der Abklingbedingung

$$\lim_{\xi\to+\infty} v_\nu(\xi) = 0.$$

2. Berechnung von $u_\nu(x)$ aus dem System (9.3) der GAL mit der Anfangsbedingung $u_\nu(0)$ und Ermittlung des Anfangswertes $u'_\nu(0)$ für den anschließenden $(\nu+1)$-ten Gesamtschritt des Algorithmus.

9.3. *Lineare partielle DGL*

Die Anwendung der Methode der Grenzschichtverbesserung auf beliebige partielle DGL ist zum Teil noch Gegenstand der Forschung. Bei der Darlegung der bei linearen partiellen DGL auftretenden Besonderheiten beschränken wir uns daher auf die im Rechteckbereich

$$B\{x \in [0, a], \ y \in [0, b]\}$$

unter den Randbedingungen

$$w(0, y) = \varphi(0, y), \ w(a, y) = \varphi(a, y),$$
$$w(x, 0) = \varphi(x, 0), \ w(x, b) = \varphi(x, b) \tag{9.17}$$

zu lösende partielle DGL

$$\varepsilon^2 \Delta w - q(x, y)\, w = f(x, y), \tag{9.18}$$

$\varepsilon \ll 1$. Dabei bezeichnen Δ den LAPLACE-Operator und $q(x, y) > 0$, $f(x, y)$, $\varphi(x, y)$ gegebene, in B $(N+2)$-mal stetig differenzierbare Funktionen.

Eine wesentliche Besonderheit der partiellen DGL gegenüber den gewöhnlichen DGL besteht darin, daß Grenzschichten längs der gesamten Berandung und auch längs bestimmter Innenkurven des Bereiches auftreten können. Dies ist u. a. abhängig von der Ordnung der reduzierten DGL. Im Fall (9.18) ist die reduzierte DGL nullter Ordnung, und es tritt eine Grenzschicht längs der gesamten Randkurve von B auf (vgl. Abb. 8).

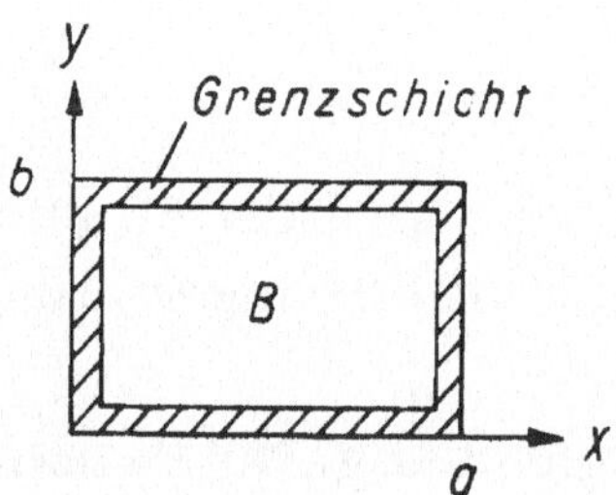

Abb. 8

1. *Schritt*: Bestimmung der GAL. In Analogie zu den linearen gewöhnlichen DGL macht man für die GAL den Ansatz

$$w = \sum_{v=0}^{\infty} u_v(x, y)\, \varepsilon^v.$$

Durch Ordnen nach Potenzen von ε folgt aus (9.18)

$$-(qu_0 + f) - qu_1\varepsilon$$

$$+ \sum_{v=2}^{\infty}\left[\frac{\partial^2 u_{v-2}}{\partial x^2} + \frac{\partial^2 u_{v-2}}{\partial y^2} - qu_v\right]\varepsilon^v = 0.$$

Für die $u_v(x, y)$ erhält man somit das rekursive System

$$u_0(x, y) = \frac{f(x, y)}{q(x, y)},$$

$$u_1(x, y) \equiv 0,$$
$$\tag{9.19}$$

$$u_v(x, y) = \frac{\Delta u_{v-2}(x, y)}{q(x, y)}, \quad v = 2, 3, \ldots .$$

Die hierdurch festgelegte Funktion

$$u = \sum_{v=0}^{N} u_v(x, y)\, \varepsilon^v \tag{9.20}$$

bezeichnen wir als GAL. Mit ihr können im allgemeinen die Randbedingungen (9.17) noch nicht erfüllt werden. Hierzu ist es wieder erforderlich, Grenzschichtfunktionen einzuführen, die längs der 4 Randlinien

$$x = 0, \quad x = a, \quad y = 0, \quad y = b$$

die Nichterfüllung der Randbedingungen korrigieren und außerhalb der Grenzschicht keinen Einfluß mehr ausüben.

2. *Schritt*: Aufstellung der Fehlergleichung. Setzt man (9.20) in (9.18) ein, so erhält man unter Berücksichtigung von (9.19) für die GAL die DGL

$$\varepsilon^2 \Delta u - qu = f + \varepsilon^{N+1} \Delta u_{N-1} + \varepsilon^{N+2} \Delta u_N.$$

Subtrahiert man diese DGL von (9.18), so ergibt sich für den Fehler $v = w - u$ die Fehlergleichung

$$\varepsilon^2 \Delta v - qv = \varepsilon^{N+1} R \qquad (9.21)$$

mit $R = \Delta u_{N-1} + \varepsilon \Delta u_N$.

3. *Schritt*: Bestimmung der Grenzschichtfunktion längs $x = 0$. Entsprechend der Methode der Grenzschichtverbesserung führen wir längs $x = 0$ die Variablenstreckung $\xi_1 = \dfrac{x}{\varepsilon}$ ein und erhalten aus (9.21) für die $x = 0$ zugeordnete Grenzschichtfunktion $v^1(\xi_1, y)$ die DGL

$$\frac{\partial^2 v^1}{\partial \xi_1{}^2} + \varepsilon^2 \frac{\partial^2 v^1}{\partial y^2} - q(\varepsilon \xi_1, y)\, v^1 = \varepsilon^{N+1} R, \qquad (9.22)$$

wobei der Index 1 keine Potenz bezeichnet.

Wir entwickeln $q(x, y)$ nach TAYLOR

$$q(\varepsilon \xi_1, y) = \sum_{\nu=0}^{\infty} q_\nu(y)\, \xi_1{}^\nu\, \varepsilon^\nu$$

und machen für die Grenzschichtfunktion $v^1(\xi_1, y)$ den Ansatz

$$v^1 = \sum_{\nu=0}^{N} v_\nu{}^1(\xi_1, y)\, \varepsilon^\nu. \qquad (9.23)$$

Durch Einsetzen in (9.22) und Koeffizientenvergleich in ε gewinnt man für $v_\nu{}^1(\xi_1, y)$ das rekursive System

$$\frac{\partial^2 v_0{}^1}{\partial \xi_1{}^2} - q_0(y)\, v_0{}^1 = 0,$$

$$\frac{\partial^2 v_1{}^1}{\partial \xi_1{}^2} - q_0(y)\, v_1{}^1 = q_1(y)\, \xi_1 v_0{}^1, \qquad (9.24)$$

$$\frac{\partial^2 v_\nu{}^1}{\partial \xi_1{}^2} - q_0(y)\, v_\nu{}^1 = \sum_{\mu=1}^{\nu} q_\mu(y)\, \xi_1{}^\mu v_{\nu-\mu}^1 - \frac{\partial^2 v_{\nu-2}^1}{\partial y^2}$$

für $\nu = 2, 3, \ldots, N$. Wegen $v = w - u$ müssen die $v_\nu{}^1(\xi_1, y)$ der RB

$$w_N(0, y) = \sum_{\nu=0}^{N} \left[u_\nu(0, y) + v_\nu{}^1(0, y) \right] \varepsilon^\nu = \varphi(0, y)$$

genügen. Dies wird erfüllt, wenn wir entsprechend der Theorie der Entwicklung nach Potenzen eines kleinen Parameters

$$u_0(0, y) + v_0{}^1(0, y) = \varphi(0, y),$$

$$u_\nu(0, y) + v_\nu{}^1(0, y) = 0$$

fordern, d. h. die Randbedingung dem nullten Glied der Reihe auferlegen. Außerdem soll die Grenzschichtfunktion $v^1(\xi_1, y)$ außerhalb der Grenzschicht vernachlässigbar klein werden, d. h., die $v_\nu{}^1(\xi_1, y)$ müssen der Abklingbedingung

$$\lim_{\xi_1 \to \infty} v_\nu{}^1(\xi_1, y) = 0$$

genügen. Da die Werte $u_\nu(0, y)$ der GAL gemäß (9.19) bekannt sind, können mit diesen Zusatzbedingungen die $v_\nu{}^1(\xi_1, y)$ aus (9.24) bestimmt werden. Man erhält

$$v_0{}^1(\xi_1, y) = \left[\varphi(0, y) - u_0(0, y) \right] e^{-\sqrt{q_0(y)}\, \xi_1}.$$

4. *Schritt*: Bestimmung der Grenzschichtfunktion längs $y = 0$. Für $y = 0$ wählen wir die Variablenstreckung

$\eta_1 = \dfrac{y}{\varepsilon}$ und erhalten unter Benutzung der Kettenregel aus (9.21) für die zugeordnete Grenzschichtfunktion $v^2(x, \eta_1)$ die DGL

$$\varepsilon^2 \frac{\partial^2 v^2}{\partial x^2} + \frac{\partial^2 v^2}{\partial \eta_1{}^2} - q(x, \varepsilon\eta_1)\, v^2 = \varepsilon^{N+1} R. \qquad (9.25)$$

Entwickelt man die Koeffizientenfunktion $q(x, \varepsilon\eta_1)$ wieder nach TAYLOR

$$q(x, \varepsilon\eta_1) = \sum_{\nu=0}^{\infty} p_\nu(x)\, \eta_1{}^\nu \varepsilon^\nu$$

und macht für $v^2(x, \eta_1)$ den Grenzschichtansatz

$$v^2 = \sum_{\nu=0}^{N} v_\nu{}^2(x, \eta_1)\, \varepsilon^\nu,$$

dann findet man aus (9.25) durch Koeffizientenvergleich in ε für die $v_\nu{}^2(x, \eta_1)$

$$\frac{\partial^2 v_0{}^2}{\partial \eta_1{}^2} - p_0(x)\, v_0{}^2 = 0,$$

$$\frac{\partial^2 v_1{}^2}{\partial \eta_1{}^2} - p_0(x)\, v_1{}^2 = p_1(x)\, \eta_1 v_0{}^2,$$

$$\frac{\partial^2 v_\nu{}^2}{\partial \eta_1{}^2} - p_0(x)\, v_\nu{}^2 = \sum_{\mu=1}^{\nu} p_\mu(x)\, \eta_1{}^\mu v_{\nu-\mu}^2 - \frac{\partial^2 v_{\nu-2}^2}{\partial x^2}$$

mit $\nu = 2, 3, \ldots, N$. Als Zusatzbedingung für die Lösung dieses Systems gewinnt man zunächst aus der Randbedingung (9.17) die Forderung

$$w_N(x, 0) = \sum_{\nu=0}^{N} [u_\nu(x, 0) + v_\nu{}^2(x, 0)]\, \varepsilon^\nu = \varphi(x, 0),$$

d. h.

$$u_0(x, 0) + v_0{}^2(x, 0) = \varphi(x, 0),$$

$$u_\nu(x, 0) + v_\nu{}^2(x, 0) = 0.$$

Aus der Abklingbedingung der Grenzschichtfunktion außerhalb der Grenzschicht folgt

$$\lim_{\eta_1 \to +\infty} v_\nu^{\,2}(x, \eta_1) = 0.$$

Man erhält

$$v_0^{\,2}(x, \eta_1) = [\varphi(x, 0) - u_0(x, 0)]\, e^{-\sqrt{P_0(x)}\,\eta_1}$$

In analoger Weise bestimmt man für die Ränder $x = a$, $y = b$ die zugeordneten Grenzschichtfunktionen $v^3(\xi_2, y)$, $v^4(x, \eta_2)$, indem man in (9.21) die Variablenstreckung

$$\xi_2 = \frac{a - x}{\varepsilon}, \quad \eta_2 = \frac{b - y}{\varepsilon}$$

durchgeführt und die Reihenansätze

$$v^3 = \sum_{\nu=0}^{N} v_\nu^{\,3}(\xi_2, y)\, \varepsilon^\nu, \quad v^4 = \sum_{\nu=0}^{N} v_\nu^{\,4}(x, \eta_2)\varepsilon^\nu$$

macht. Die sich ergebenden rekursiven Systeme für $v_\nu^{\,3}(\xi_2, y)$, $v_\nu^{\,4}(x, \eta_2)$ sind unter den Nebenbedingungen

$$w_N(a, y) = \sum_{\nu=0}^{N} [u_\nu(a, y, + v_\nu^{\,3}(a, y)]\, \varepsilon^\nu = \varphi(a, y),$$

$$w_N(x, b) = \sum_{\nu=0}^{N} [u_\nu(x, b) + v_\nu^{\,4}(x, b)]\, \varepsilon^\nu = \varphi(x, b)$$

und den Abklingbedingungen

$$\lim_{\xi_2 \to \infty} v_\nu^{\,3}(\xi_2, y) = 0, \quad \lim_{\eta_2 \to \infty} v_\nu^{\,4}(x, \eta_2) = 0$$

zu lösen. Mit den so festgelegten Grenzschichtfunktionen werden die Randbedingungen längs der Seiten des Rechteckbereiches B erfüllt. Das trifft jedoch im allgemeinen nicht für die Eckpunkte

$$(0{,}0) \qquad (a, 0) \qquad (0, b) \qquad (a, b)$$

zu. Die Ursache dafür ist die Überlagerung zweier Grenzschichten in diesen Punkten. Können bei dem (9.17) und (9.18) zugeordneten Anwendungsproblem die Eckpunkte von B aus der Betrachtung ausgeschlossen werden, dann stellt

$$w_A = \sum_{\nu=0}^{N} \left[u_\nu(x, y) + v_\nu{}^1(\xi_1, y) + v_\nu{}^2(x, \eta_1) \right.$$

$$\left. + v_\nu{}^3(\xi_2, y) + v_\nu{}^4(x, \eta_2) \right] \varepsilon^\nu$$

für hinreichend kleine ε in B^* eine asymptotische Darstellung der exakten Lösung $w\,(x, y)$ des RWP dar, d. h., es gilt die Abschätzung

$$|w(x, y) - w_A(x, y)| \leq C\varepsilon^{N+1}$$

mit einer von ε unabhängigen Konstanten C.

Spielen jedoch bei der Lösung des Anwendungsproblems die Eckpunkte eine wichtige Rolle, dann müssen nach einem Verfahren von W. F. Butusov [33] für jeden Eckpunkt zusätzliche Korrekturfunktionen berechnet werden, worauf wir hier verzichten wollen.

Charakteristisch für das behandelte RWP war, daß die GAL auf keinem Teil des Randes der RB genügte und demzufolge die Grenzschicht am gesamten Rand auftrat. Die RB kann zumindest auf einem Teil des Randes durch die GAL erfüllt werden, wenn die reduzierte DGL ($\varepsilon = 0$) eine partielle DGL 1. Ordnung ist. Hierzu vergleiche man insbesondere die Arbeiten von W. Eckhaus [32, 34].

Wir betrachten hierzu ein Beispiel aus der Magnetohydrodynamik. Eine inkompressible, zähe, elektrisch leitende Flüssigkeit ströme durch ein Rohr mit nichtleitender Wand. Die Rohrachse stimme mit der z-Achse des Koordinatensystems überein. Hierfür ergibt sich aus den Grundgleichungen der Magnetohydrodynamik für eine das Geschwindigkeitsfeld und das Magnetfeld im Rohr charakterisierende Funktion $\Phi(x, y)$ das RWP

$$\varepsilon \Delta \Phi - \frac{\partial \Phi}{\partial x} = 1, \ \Phi = 0 \text{ für } r = 1.$$

$\varepsilon = \dfrac{1}{M}$, M-HARTMANN-Zahl. Das RWP soll für $M \gg 1$, d. h. $\varepsilon \ll 1$ gelöst werden. Mit dem Ansatz

$$u = \sum_{\nu=0}^{N} u_\nu(x, y)\, \varepsilon^\nu$$

gewinnt man aus der DGL für die ersten beiden Glieder

$$-\frac{\partial u_0}{\partial x} = 1, \quad \frac{\partial u_1}{\partial x} = \Delta u_0.$$

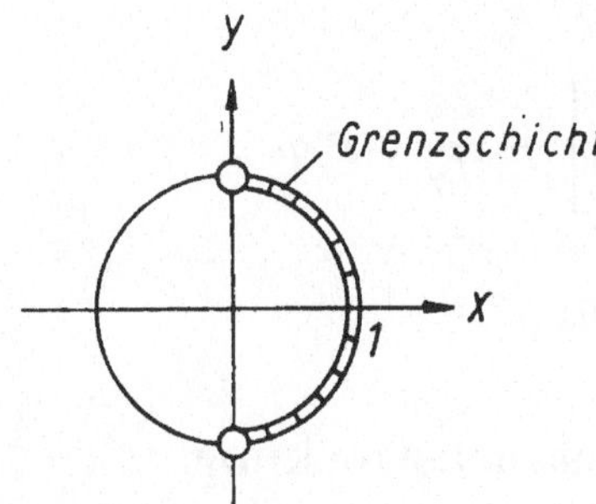

Abb. 9

Die Randkurve wird gegeben durch $x^2 + y^2 = 1$ bzw. durch die Zweige

$$x = -\sqrt{1 - y^2} \quad \text{(linker Zweig)},$$
$$x = +\sqrt{1 - y^2} \quad \text{(rechter Zweig)}.$$

Die GAL kann die RB nur längs eines dieser Zweige erfüllen. Der infragekommende Zweig wird analog wie bei gewöhnlichen DGL durch das Vorzeichen des Koeffizienten der ersten Ableitung festgelegt. Ist das Vorzeichen negativ, wie im vorliegenden Fall, dann erfüllt die GAL den linken Zweig und im positiven Fall den rechten Zweig. Man erhält

$$u_0 = -(x + \sqrt{1 - y^2})$$
$$u_1 = (1 - y^2)^{-\frac{3}{2}} \left[x + (1 - y^2)^{\frac{1}{2}} \right].$$

Das RWP besitzt längs des rechten Zweiges eine Grenzschicht (vgl. Abb. 9). Die zur Erfüllung der RB am

rechten Zweig notwendige Grenzschichtfunktion bestimmt man völlig analog wie bisher. Zunächst wird für
die Differenz $v = \Phi - u$ eine Fehlergleichung aufgestellt:

$$\varepsilon \Delta v - \frac{\partial v}{\partial x} = -\varepsilon^{N+1} \Delta u_N.$$

Dem Problem angepaßt führen wir durch

$$x = r \cos \varphi, \; y = r \sin \varphi$$

Polarkoordinaten ein und erhalten

$$\varepsilon \left[\frac{\partial^2 v}{\partial r^2} + \frac{1}{r} \frac{\partial v}{\partial r} + \frac{1}{r^2} \frac{\partial^2 v}{\partial \varphi^2} \right] - \frac{\partial v}{\partial r} \cos \varphi$$

$$+ \frac{\partial v}{\partial \varphi} \sin \varphi = -\varepsilon^{N+1} \Delta u_N.$$

Hieraus gewinnt man mit der Variablenstreckung

$$\varrho = \frac{1 - r}{\varepsilon}$$

die Grenzschichtgleichung

$$\frac{\partial^2 v}{\partial \varrho^2} - \frac{\varepsilon}{1 - \varepsilon \varrho} \frac{\partial v}{\partial \varrho} + \left(\frac{\varepsilon}{1 - \varepsilon \varrho} \right)^2 \frac{\partial^2 v}{\partial \varphi^2}$$

$$+ \frac{\partial v}{\partial \varrho} \cos \varphi + \frac{\varepsilon}{1 - \varepsilon \varrho} \frac{\partial v}{\partial \varphi} \sin \varphi = -\varepsilon^{N+2} \Delta u_N.$$

Mit dem Ansatz

$$v = \sum_{\nu=0}^{N} v_\nu(\varrho, \varphi) \, \varepsilon^\nu$$

folgt hieraus für die ersten beiden Glieder

$$\frac{\partial^2 v_0}{\partial \varrho^2} + \frac{\partial v_0}{\partial \varrho} \cos \varphi = 0,$$

$$\frac{\partial^2 v_1}{\partial \varrho^2} + \frac{\partial v_1}{\partial \varrho} \cos \varphi = \frac{\partial v_0}{\partial \varrho} - \frac{\partial v_0}{\partial \varphi} \sin \varphi.$$

Randbedingungen:

$$v_0(0, \varphi) = -u_0(\cos \varphi, \sin \varphi) = -2 \cos \varphi,$$

$$v_1(0, \varphi) = -u_1(\cos \varphi, \sin \varphi) = -\frac{2}{\cos^2 \varphi}.$$

Abklingbedingungen:

$$\lim_{\varrho \to \infty} v_0(\varrho, \varphi) = 0, \quad \lim_{\varrho \to \infty} v_1(\varrho, \varphi) = 0.$$

Man erhält

$$v_0(\varrho, \varphi) = -2 \cos \varphi \, \mathrm{e}^{-\varrho \cos \varphi}, \quad -\frac{\pi}{2} < \varphi < +\frac{\pi}{2},$$

$$v_1(\varrho, \varphi) = -\left[\frac{2}{\cos^2 \varphi} + 2\varrho \cos \varphi + \varrho^2 \sin^2 \varphi\right]\mathrm{e}^{-\varrho \cos \varphi}.$$

Für φ Werte des linken Zweiges gilt

$$\lim_{\varepsilon \to 0} \mathrm{e}^{-\varrho \cos \varphi} = \infty.$$

v_0, v_1 benutzt man daher nur innerhalb der Grenzschicht zur Erfüllung der RB und setzt sie im linken Halbkreis gleich Null. Außerdem müssen die Punkte $y = \pm 1$ ausgeschlossen werden (vgl. Abb. 9). Eine Erweiterung der asymptotischen Lösung auf den gesamten Bereich findet man bei J. GRASMAN [35]. Für die asymptotische Lösung elliptischer DGL und parabolischer DGL beliebig hoher Ordnung verweisen wir auf die Arbeiten von J. G. BESJES [36, 37].

9.4. Nichtlineare AWP

Die Methode der Grenzschichtverbesserung soll nun auf nichtlineare parameterabhängige DGL

$$x^{(n)}(t) = h(t, x, x', \ldots, x^{(n-1)}, \varepsilon), \quad \varepsilon \ll 1,$$

übertragen werden. Natürlich bringt der Übergang von linearen DGL zu nichtlinearen DGL, wie auch bei anderen Methoden, erhebliche Schwierigkeiten mit sich. Zur Erleichterung des Verständnisses beschränken wir uns daher nur auf das Wesentliche und erläutern einige Schritte der Methode an einfachen Beispielen. Weiterführende Kenntnisse findet der Leser bei A. B. Vasiljewa [30].

Zunächst kann eine gewöhnliche DGL n-ter Ordnung stets in ein äquivalentes System von DGL 1. Ordnung überführt werden (vgl. Anhang). Für die folgenden Untersuchungen legen wir daher die parameterabhängige DGL in der Form

$$\frac{\mathrm{d}x_\nu}{\mathrm{d}t} = F_\nu^*(t, x_1, \ldots, x_M, y_1, \ldots, y_m, \varepsilon), \quad \nu = 1, \ldots, M,$$

$$\frac{\mathrm{d}y_\mu}{\mathrm{d}t} = f_\mu(t, x_1, \ldots, x_M, y_1, \ldots, y_m), \quad \mu = 1, 2, \ldots, m$$

oder kurz

$$\frac{\mathrm{d}x}{\mathrm{d}t} = F^*(t, x, y, \varepsilon), \quad \varepsilon \ll 1,$$

$$\frac{\mathrm{d}y}{\mathrm{d}t} = f(t, x, y) \tag{9.26}$$

zugrunde, wobei x, y Vektoren der Dimension M bzw. m sind. Den Fall der stetigen Abhängigkeit der rechten Seite vom Parameter ε wurde bereits auf S. 51 diskutiert. Im folgenden befassen wir uns daher mit dem für unsere Zielstellung interessanten Fall

$$F^*(t, x, y, \varepsilon) = \frac{F(t, x, y)}{\varepsilon},$$

d. h., ε geht singulär in F^* ein. Das Ausgangssystem (9.26) lautet daher

$$\varepsilon \frac{\mathrm{d}x}{\mathrm{d}t} = F(t, x, y),$$

$$\frac{\mathrm{d}y}{\mathrm{d}t} = f(t, x, y). \tag{9.27}$$

Bei der asymptotischen Lösung dieses Systems behandeln wir zunächst AWP, d. h., wir gehen von den Anfangsbedingungen

$$x(0) = \alpha, \quad y(0) = \delta \tag{9.28}$$

für (9.27) aus. Die asymptotische Lösung von RWP erfolgt dann durch Zurückführung auf AWP.

Für $\varepsilon = 0$ erniedrigt sich die Ordnung des Systems (die ersten M Gleichungen sind gewöhnliche Gleichungen) und man erhält das reduzierte System

$$
\begin{aligned}
0 &= F(t, x, y), \\
\frac{\mathrm{d}y}{\mathrm{d}t} &= f(t, x, y),
\end{aligned}
\tag{9.29}
$$

das nicht mehr alle Anfangsbedingungen erfüllen kann. Angeregt durch den Fall der stetigen Abhängigkeit von ε entsteht die Frage, ob auch im singulären Fall (9.27) die Lösung des exakten Systems für $\varepsilon \to 0$ gegen eine Lösung des reduzierten Systems strebt, und wenn dies der Fall ist, welche Voraussetzungen müssen dafür an (9.27) gestellt werden? Die Beantwortung dieser Frage spielt auch bei der Konstruktion der asymptotischen Lösung des AWP eine wichtige Rolle, weshalb wir uns zunächst mit dieser Problematik beschäftigen.

Beispiel 1.

$$\varepsilon \frac{\mathrm{d}x}{\mathrm{d}t} - ax = b. \tag{9.30}$$

Die reduzierte DGL ist

$$ax + b = 0, \quad x = -\frac{b}{a}.$$

Die allgemeine Lösung der DGL (9.30) lautet

$$x = C\, \mathrm{e}^{\lambda \frac{t}{\varepsilon}} - \frac{b}{a},$$

wobei $x^* = -\dfrac{b}{a}$ eine partikuläre Lösung der inhomogenen DGL und λ die Wurzel der charakteristischen Gleichung $\lambda - a = 0$ ist. Man erkennt, daß nur für $\mathrm{Re}\,\lambda < 0$, d. h. $a < 0$ eine partikuläre Lösung der vollständigen DGL (9.30) für $\varepsilon \to 0$ gegen die Lösung der reduzierten DGL strebt. Man sagt, im Fall $a < 0$ ist die vollständige DGL (9.30) für $\varepsilon \ll 1$ asymptotisch ersetzbar durch die reduzierte Gleichung $ax + b = 0$.

Die Bedingung $\mathrm{Re}\,\lambda < 0$ ist in dem allgemeineren Fall

$$\varepsilon \frac{\mathrm{d}x}{\mathrm{d}t} = f(x, t)$$

äquivalent mit $\dfrac{\partial f}{\partial x} < 0$.

Beispiel 2.

$$\varepsilon \frac{\mathrm{d}x_1}{\mathrm{d}t} = a_{11}x_1 + a_{12}x_2 + b_1 \,,$$

$$\varepsilon \frac{\mathrm{d}x_2}{\mathrm{d}t} = a_{21}x_1 + a_{22}x_2 + b_2. \tag{9.31}$$

Hier ist $M = 2$ und $m = 0$. Die allgemeine Lösung des zugeordneten homogenen Systems ist

$$x_{1h} = C_1\alpha_1\,\mathrm{e}^{\lambda_1\frac{t}{\varepsilon}} + C_2\alpha_2\,\mathrm{e}^{\lambda_2\frac{t}{\varepsilon}},$$

$$x_{2h} = C_1\beta_1\,\mathrm{e}^{\lambda_1\frac{t}{\varepsilon}} + C_2\beta_2\,\mathrm{e}^{\lambda_2\frac{t}{\varepsilon}},$$

wobei $\lambda_1 \neq \lambda_2$ die Wurzeln der charakteristischen Gleichung

$$\begin{vmatrix} a_{11} - \lambda & a_{12} \\ a_{21} & a_{22} - \lambda \end{vmatrix} = 0$$

sind. Die inhomogenen Glieder b_1, b_2 sind Konstante, d. h. es existieren partikuläre Lösungen des inhomogenen

Systems (9.31) der Form $x_1{}^* = \text{const}$, $x_2{}^* = \text{const}$, die dem reduzierten System

$$0 = a_{11}x_1{}^* + a_{12}x_2{}^* + b_1,$$

$$0 = a_{21}x_1{}^* + a_{22}x_2{}^* + b_2$$

genügen. Die allgemeine Lösung von (9.31) lautet somit

$$x_1 = x_{1h} + x_1{}^*, \qquad x_2 = x_{2h} + x_2{}^*.$$

Man erkennt, daß auch in diesem Fall eine exakte Lösung für $\varepsilon \to 0$ nur dann gegen die Lösung des reduzierten Systems strebt, wenn die Wurzeln der charakteristischen Gleichung der Bedingung Re $\lambda_{1,2} < 0$ genügen.

Allgemein wurde dieses Problem von A. N. TICHONOW [38] gelöst. Er zeigte, daß eine exakte Lösung von (9.27) für $\varepsilon \to 0$ gegen eine Lösung des reduzierten Systems (9.29) strebt, wenn neben gewissen Regularitätsvoraussetzungen die Realteile der Wurzeln $\lambda = \lambda(t, y)$ der charakteristischen Gleichung

$$\mathrm{Det}\left| \frac{\partial F[t, \varphi(t, y), y]}{\partial x} - \lambda E \right| = 0 \qquad (9.32)$$

negativ sind. Dabei ist $x = \varphi(t, y)$ eine isolierte Wurzel der Gleichung $F(t, x, y) = 0$. Im allgemeinen wird es mehrere Wurzeln von $F(t, x, y) = 0$ geben. Wurzeln, die der Voraussetzung Re $\lambda_\nu < 0$ genügen, bezeichnet man als rechtsstabil und mit Re $\lambda_\nu > 0$ als linksstabil. Die rechtsstabilen Wurzeln bilden die Basis für die Konstruktion einer asymptotischen Lösung des AWP.

Im folgenden geben wir hinreichende Bedingungen an für die Anwendbarkeit der Methode der Grenzschichtverbesserung auf das System (9.27), wobei wir uns auf wesentliche Voraussetzungen beschränken.

1. $F(t, x, y)$ und $f(t, x, y)$ besitzen stetige partielle Ableitungen bis zur $(N + 2)$-ten Ordnung.

2. Die Gleichung $F(t, \hat{x}, \hat{y}) = 0$ besitzt eine isolierte

Wurzel $\hat{x} = \varphi(t, \hat{y})$, die der Bedingung

$$\mathrm{Re}\ \lambda_{\nu}[t, \hat{y}(t)] < 0,\ \nu = 1, \ldots, M, t \in [0, t^*],$$

mit

$$\frac{\mathrm{d}\hat{y}}{\mathrm{d}t} = f(t, \hat{x}, \hat{y}), \quad \hat{y}(0) = \delta$$

genügt.

3. Der Anfangspunkt $(0, \alpha, \delta)$ liegt im Einflußbereich einer stabilen Wurzel. Das ist der Fall, wenn für die durch das Ersatzproblem

$$\frac{\mathrm{d}x}{\mathrm{d}\tau} = F(0, x, \delta),\ x(0) = \alpha$$

definierte Funktion $x(\tau)$

$$\lim_{\tau \to \infty} x(\tau) = \varphi(0, \delta)$$

gilt.

1. *Schritt*: Bestimmung der DGL für die GAL. Zum besseren Verständnis beschränken wir uns bei der Darlegung des Algorithmus für die Konstruktion der asymptotischen Lösung eines AWP auf das einfache Beispiel

$$\varepsilon \frac{\mathrm{d}x}{\mathrm{d}t} = y - x^2,\ x(0) = 0,$$

$$\frac{\mathrm{d}y}{\mathrm{d}t} = x,\ y(0) = 1. \tag{9.33}$$

Für die GAL macht man den Ansatz

$$x = \sum_{\nu=0}^{\infty} \bar{x}_{\nu}(t)\ \varepsilon^{\nu}, \quad y = \sum_{\nu=0}^{\infty} \bar{y}_{\nu}(t)\ \varepsilon^{\nu}.$$

Durch Einsetzen folgt aus (9.33)

$$\sum_{\nu=0}^{\infty} \frac{\mathrm{d}\bar{x}_{\nu}}{\mathrm{d}t}\ \varepsilon^{\nu+1} - \sum_{\nu=0}^{\infty} \bar{y}_{\nu}\varepsilon^{\nu} + \sum_{\nu=0}^{\infty} \left(\sum_{\mu=0}^{\nu} \bar{x}_{\nu-\mu}\bar{x}_{\mu} \right) \varepsilon^{\nu} = 0,$$

$$\sum_{\nu=0}^{\infty} \left(\frac{\mathrm{d}\bar{y}_{\nu}}{\mathrm{d}t} - \bar{x}_{\nu} \right) \varepsilon^{\nu} = 0,$$

woraus sich durch Koeffizientenvergleich in ε für $\bar{x}_\nu(t)$, $\bar{y}_\nu(t)$ das System der GAL ergibt:

$$0 = \bar{y}_0(t) - \bar{x}_0{}^2(t)$$

$$\frac{\mathrm{d}\bar{x}_{\nu-1}}{\mathrm{d}t} = \bar{y}_\nu(t) - \sum_{\mu=0}^{\nu} \bar{x}_{\nu-\mu}(t)\,\bar{x}_\mu(t), \; \nu = 1, \ldots, N, \quad (9.34)$$

$$\frac{\mathrm{d}\bar{y}_\nu}{\mathrm{d}t} = \bar{x}_\nu(t), \; \nu = 0, 1, \ldots, N.$$

Im allgemeinen Fall (9.27) müßten die rechten Seiten $F(t, x, y)$, $f(t, x, y)$ in Umgebung von $\bar{x}_0(t)$, $\bar{y}_0(t)$ unter Benutzung bekannter Reihen oder mit der TAYLORschen Formel nach ε Potenzen entwickelt werden.

Die nach dem N-ten Glied abgebrochenen Reihen

$$\bar{x} = \sum_{\nu=0}^{N} \bar{x}_\nu(t)\,\varepsilon^\nu, \; \bar{y} = \sum_{\nu=0}^{N} \bar{y}_\nu(t) \quad (9.35)$$

bezeichnen wir als GAL. Die AB der GAL sind mit denen der Grenzschichtfunktion gekoppelt. Bevor wir uns daher mit der Lösung von (9.34) befassen, müssen wir zunächst die Grenzschichtgleichungen aufstellen.

2. *Schritt*: Herleitung der Grenzschichtgleichung. Durch Einsetzen von (9.35) in (9.33) ergibt sich unter Berücksichtigung von (9.34)

$$\varepsilon\frac{\mathrm{d}\bar{x}}{\mathrm{d}t} = \bar{y} - \bar{x}^2 + \varepsilon^{N+1}R_N,$$

$$\frac{\mathrm{d}\bar{y}}{\mathrm{d}t} = \bar{x} \qquad\qquad (9.36)$$

mit

$$R_N = R_N(\varepsilon, \bar{x}_1, \ldots, \bar{x}_N)$$

$$= \bar{x}_N\bar{x}_1 + \cdots + \bar{x}_1\bar{x}_N + \varepsilon(\bar{x}_N\bar{x}_2 + \cdots + \bar{x}_2\bar{x}_N)$$

$$+ \varepsilon^2(\bar{x}_N\bar{x}_3 + \cdots + \bar{x}_3\bar{x}_N) + \cdots + \varepsilon^{N-1}\bar{x}_N\bar{x}_N.$$

Die Differenz zwischen der exakten Lösung und der GAL

bezeichnen wir durch

$$\tilde{x} = x - \bar{x}, \ \tilde{y} = y - \bar{y}. \qquad (9.37)$$

Wegen $x = \bar{x} + \tilde{x}$, $y = \bar{y} + \tilde{y}$ ergibt sich aus (9.33) unter Berücksichtigung von (9.36) die Fehlergleichung

$$\varepsilon \frac{\mathrm{d}\tilde{x}}{\mathrm{d}t} = \tilde{y} - 2\bar{x}\tilde{x} - \tilde{x}^2 - \varepsilon^{N+1} R_N,$$

$$\frac{\mathrm{d}\tilde{y}}{\mathrm{d}t} = \tilde{x}. \qquad (9.38)$$

Entsprechend der Methode der Grenzschichtverbesserung führen wir nun in Umgebung des Anfangspunktes $t = 0$ durch $\tau = \dfrac{t}{\varepsilon}$ eine Variablenstreckung durch. Mit der Kettenregel geht (9.38) über in

$$\frac{d\tilde{x}}{d\tau} = \tilde{y} - 2\bar{x}(\varepsilon\tau)\,\tilde{x} - \tilde{x}^2 - \varepsilon^{N+1} R_N,$$

$$\frac{\mathrm{d}\tilde{y}}{\mathrm{d}\tau} = \varepsilon\tilde{x}. \qquad (9.39)$$

Nach TAYLOR gilt

$$\bar{x}_\nu(\varepsilon\tau) = \sum_{k=0}^{\infty} \frac{\mathrm{d}^k \bar{x}_\nu(0)}{\mathrm{d}t^k} \frac{\tau^k}{k!} \varepsilon^k.$$

Damit wird

$$\bar{x}(\varepsilon\tau) = \sum_{\nu=0}^{N} \bar{x}_\nu(\varepsilon\tau)\,\varepsilon^\nu = \sum_{\nu=0}^{\infty} g_\nu(\tau)\,\varepsilon^\nu$$

$$= \bar{x}_0(0) + \varepsilon\left[\bar{x}_1(0) + \tau\frac{\mathrm{d}\bar{x}_0(0)}{\mathrm{d}t}\right] \qquad (9.40)$$

$$+ \varepsilon^2\left[\bar{x}_2(0) + \tau\frac{\mathrm{d}\bar{x}_1(0)}{\mathrm{d}t} + \frac{\tau^2}{2}\frac{\mathrm{d}^2\bar{x}_0(0)}{\mathrm{d}t^2}\right] + \cdots.$$

Macht man nun für die Grenzschichtfunktionen $\tilde{x}$, $\tilde{y}$ die Ansätze

$$\tilde{x} = \sum_{\nu=0}^{N} \tilde{x}_\nu(\tau)\,\varepsilon^\nu, \ \tilde{y} = \sum_{\nu=0}^{N} \tilde{y}_\nu(\tau)\,\varepsilon^\nu, \qquad (9.41)$$

dann erhält man aus (9.39) mit (9.40) durch Koeffizientenvergleich in ε die DGL der Grenzschichtfunktionen

$$\frac{\mathrm{d}\tilde{x}_\nu}{\mathrm{d}\tau} = \tilde{y}_\nu - \sum_{\mu=0}^{\nu} 2g_{\nu-\mu}\tilde{x}_\mu - \sum_{\mu=0}^{\nu} \tilde{x}_{\nu-\mu}\tilde{x}_\mu,$$

$$\frac{\mathrm{d}\tilde{y}_0}{\mathrm{d}\tau} = 0, \quad \frac{\mathrm{d}\tilde{y}_\nu}{\mathrm{d}\tau} = \tilde{x}_{\nu-1}, \quad \nu = 0, 1, ..., N. \tag{9.42}$$

3. *Schritt*: Konstruktion der asymptotischen Lösung.
Nach (9.37) gilt aufgrund der Ansätze (9.35) und (9.41)

$$x_A = \overline{x} + \tilde{x} = \sum_{\nu=0}^{N} \left[\overline{x}_\nu(t) + \tilde{x}_\nu(\tau)\right] \varepsilon^\nu,$$

$$y_A = \overline{y} + \tilde{y} = \sum_{\nu=0}^{N} \left[\overline{y}_\nu(t) + \tilde{y}_\nu(\tau)\right] \varepsilon^\nu. \tag{9.43}$$

Entsprechend der Theorie der Entwicklung nach Potenzen eines kleinen Parameters legen wir die Anfangsbedingung von (9.33) dem nullten Glied von (9.43) auf
und bestimmen alle weiteren Glieder mit homogenen Anfangsbedingungen.

Demzufolge fordern wir

$$\overline{x}_0(0) + \tilde{x}_0(0) = \alpha = 0, \quad \overline{y}_0(0) + \tilde{y}_0(0) = \delta = 1,$$

$$\overline{x}_\nu(0) + \tilde{x}_\nu(0) = 0, \quad \overline{y}_\nu(0) + \tilde{y}_\nu(0) = 0, \quad \nu \geq 1. \tag{9.44}$$

Nach (9.43) erfüllen dann x_A und y_A die Anfangsbedingungen $x_A(0) = \alpha$, $y_A(0) = \delta$.

Weiterhin sollen die Grenzschichtfunktionen $\tilde{x}$, $\tilde{y}$ außerhalb der Grenzschicht vernachlässigbar klein werden.
Wegen $\tau = \dfrac{t}{\varepsilon} \gg 1$ für $\varepsilon \ll 1$ müssen $\tilde{x}$, $\tilde{y}$ daher den Abklingbedingungen

$$\lim_{\tau \to +\infty} \tilde{y}_\nu(\tau) = 0, \quad \lim_{\tau \to +\infty} \tilde{x}_\nu(\tau) = 0 \tag{9.45}$$

genügen.

Die Lösung der DGL (9.34) der GAL und der Grenzschichtgleichungen (9.42) erfolgt nun in folgenden Unter-
schritten:

Bestimmung von $\tilde{y}_0(\tau)$. Nach (9.42) ist $\dfrac{\mathrm{d}\tilde{y}_0}{\mathrm{d}\tau} = 0$.
Integration über $[0, \tau]$ liefert

$$\tilde{y}_0(\tau) - \tilde{y}_0(0) = 0,$$

woraus sich aus der Abklingbedingung (9.45) $\tilde{y}_0(0) = 0$,
$\tilde{y}_0(\tau) \equiv 0$ ergibt.

Bestimmung von $\bar{y}_0(t)$. Aus (9.44) folgt für die Anfangsbedingungen $\bar{y}_0(0) = 1 - \tilde{y}_0(0) = 1$. (9.34) liefert

$$\frac{\mathrm{d}\bar{y}_0}{\mathrm{d}t} = \bar{x}_0, \ \ \bar{y}_0 - \bar{x}_0{}^2 = 0.$$

Die reduzierte Gleichung $F(t, x, y) = y - x^2 = 0$ hat
die beiden isolierten Wurzeln

$$x = \varphi_1(t, y) = +\sqrt{y}, \qquad x = \varphi_2(t, y) = -\sqrt{y}.$$

Die charakteristische Gleichung (9.32) lautet in unserem
skalaren Fall (9.33)

$$\frac{\partial F}{\partial x}[t, \varphi(t, y), y] - \lambda = 0,$$

d. h., zur Festlegung der rechtsstabilen Wurzel gilt die
Bedingung

$$\lambda = \frac{\partial F}{\partial x}[t, \varphi(t, y), y] < 0.$$

Es ist

$$\frac{\partial F}{\partial x}(t, \varphi_1, y) = -2\sqrt{y} < 0, \ \ \frac{\partial F}{\partial x}(t, \varphi_2, y) = 2\sqrt{y} > 0,$$

d. h., $x = +\sqrt{y}$ ist die rechtsstabile Wurzel, auf welche
die nächsten Schritte aufgebaut werden. Mit $\bar{x}_0 = +\sqrt{\bar{y}_0}$
genügt $\bar{y}_0(t)$ dem AWP

$$\frac{\mathrm{d}\bar{y}_0}{\mathrm{d}t} = \sqrt{\bar{y}_0}, \ \ \bar{y}_0(0) = 1.$$

Trennung der Veränderlichen liefert

$$\bar{y}_0(t) = \left(\frac{t}{2} + 1\right)^2.$$

Bestimmung von $\bar{x}_0(t)$. Es gilt

$$\bar{x}_0(t) = +\sqrt{\bar{y}_0(t)} = \frac{t}{2} + 1,$$

woraus für den Anfangswert $\bar{x}_0(0) = 1$ folgt.

Bestimmung von $\tilde{x}_0(\tau)$. Nach (9.44) gilt für den Anfangswert $\tilde{x}_0(0) = \alpha - \bar{x}_0(0) = -1$. Wegen $\tilde{y}_0(\tau) \equiv 0$ genügt $\tilde{x}_0(\tau)$ gemäß (9.42) dem AWP

$$\frac{d\tilde{x}_0}{d\tau} = -2g_0(\tau)\,\tilde{x}_0 - \tilde{x}_0{}^2, \quad \tilde{x}_0(0) = -1.$$

Hierbei ist wegen

$$\bar{x}_0(\varepsilon\tau) = 1 + \frac{\varepsilon\tau}{2}$$

$g_0(\tau) \equiv 1$. Durch Trennung der Veränderlichen und Partialbruchzerlegung gewinnt man

$$\tilde{x}_0(\tau) = -\frac{2e^{-2\tau}}{1 + e^{-2\tau}}.$$

Damit ist der erste Gesamtschritt des Algorithmus abgeschlossen. Die Ermittlung der weiteren Glieder von x_A und y_A erfolgt in analoger Weise. Zur Erläuterung wird im folgenden noch der zweite Gesamtschritt ausgeführt:

Bestimmung von $\tilde{y}_1(\tau)$. Aus (9.42) folgt

$$\frac{d\tilde{y}_1}{d\tau} = \tilde{x}_0.$$

Integration über $[0, \tau]$ liefert

$$\tilde{y}_1(\tau) - \tilde{y}_1(0) = -2\int_0^\tau \frac{e^{-2\tau}}{1 + e^{-2\tau}}\, d\tau = \ln\left(1 + e^{-2\tau}\right) - \ln 2.$$

Aus der Abklingbedingung (9.45) $\lim\limits_{\tau \to \infty} \tilde{y}_1(\tau) = 0$ folgt

$$\tilde{y}_1(0) = \ln 2,$$

womit sich

$$\tilde{y}_1(\tau) = \ln\left(1 + e^{-2\tau}\right)$$

ergibt.

Bestimmung von $\bar{y}_1(t)$. Nach (9.44) gilt $\bar{y}_1(0) = -\tilde{y}_1(0)$ $= -\ln 2$. Für $\nu = 1$ erhält man aus (9.34)

$$\frac{\mathrm{d}\bar{y}_1}{\mathrm{d}t} = \bar{x}_1, \; \frac{\mathrm{d}\bar{x}_0}{\mathrm{d}t} = \bar{y}_1 - 2\bar{x}_0\bar{x}_1 = \frac{1}{2}.$$

Löst man die rechte Beziehung nach $\bar{x}_1$ auf, so gewinnt man aus der linken Beziehung für $\bar{y}_1(t)$ das AWP

$$\frac{\mathrm{d}\bar{y}_1}{\mathrm{d}t} = \frac{\bar{y}_1 - \dfrac{1}{2}}{t + 2}, \; \bar{y}_1(0) = -\ln 2,$$

woraus man durch Trennung der Veränderlichen

$$\bar{y}_1(t) = -\frac{1}{4}\left(1 + 2\ln 2\right)t - \ln 2$$

erhält.

Bestimmung von $\bar{x}_1(t)$. Es ist

$$\bar{x}_1(t) = \frac{\mathrm{d}\bar{y}_1}{\mathrm{d}t} \equiv -\frac{1}{4}\left(1 + 2\ln 2\right) = -\gamma.$$

Bestimmung von $\tilde{x}_1(\tau)$. Für den Anfangswert ergibt sich aus (9.44) $\tilde{x}_1(0) = -\bar{x}_1(0) = \gamma$. Die entsprechende DGL folgt für $\nu = 1$ aus (9.42)

$$\frac{\mathrm{d}\tilde{x}_1}{\mathrm{d}\tau} = \tilde{y}_1 - 2g_0\tilde{x}_1 - 2g_1(\tau)\,\tilde{x}_0 - 2\tilde{x}_0\tilde{x}_1.$$

Aufgrund der erhaltenen Ausdrücke für $\bar{x}_0$, $\bar{x}_1$ ist

$$\bar{x}(\varepsilon\tau) = \bar{x}_0(\varepsilon\tau) + \varepsilon\bar{x}_1(\varepsilon\tau) + \cdots$$

$$= \frac{\varepsilon\tau}{2} + 1 + \varepsilon\,(-\gamma) + \cdots$$

$$= 1 + \varepsilon\left(\frac{\tau}{2} - \gamma\right) + \cdots,$$

d. h., es gilt $g_1(\tau) = \dfrac{\tau}{2} - \gamma$. Substituiert man die bereits bestimmten Funktionen, so ergibt sich für $\tilde{x}_1(\tau)$ das lineare AWP

$$\frac{\mathrm{d}\tilde{x}_1}{\mathrm{d}\tau} + 2\tanh\tau\tilde{x}_1 = \psi(\tau), \quad \tilde{x}_1(0) = \gamma$$

mit

$$\psi(\tau) = \ln\left(1 + \mathrm{e}^{-2\tau}\right) + (2\tau - \gamma)\,(1 - \tanh\tau),$$

auf dessen Lösung wir hier verzichten. Die asymptotische Lösung des AWP (9.33) lautet damit gemäß (9.43) für $N = 1$

$$x_A = \frac{t}{2} + 1 - \frac{2\mathrm{e}^{-\frac{2t}{\varepsilon}}}{1 + \mathrm{e}^{-\frac{2t}{\varepsilon}}} + \varepsilon\left[-\gamma + \tilde{x}_1\left(\frac{t}{\varepsilon}\right)\right],$$

$$y_A = \left(\frac{t}{2} + 1\right)^2 + \varepsilon\left[-\gamma t - \ln 2 + \ln\left(1 + \mathrm{e}^{-\frac{2t}{\varepsilon}}\right)\right].$$

In Verallgemeinerung der bisherigen Schritte erfolgt die wechselseitige Lösung des Systems der Grenzschichtfunktionen und des Systems der GAL nach folgendem Schema:

1. Bestimmung der Grenzschichtfunktion $\tilde{y}_\nu(\tau)$ aus der zugeordneten DGL und Festlegung von $\tilde{y}_\nu(0)$ mittels der Abklingbedingung

$$\lim_{\tau\to\infty} \tilde{y}_\nu(\tau) = 0.$$

2. Mit der Anfangsbedingung $\bar{y}_\nu(0) = -\tilde{y}_\nu(0)$ und der zugeordneten DGL die GAL $\bar{y}_\nu(t)$ berechnen.

3. Mit Hilfe von $\bar{y}_\nu(t)$ und der zugeordneten DGL aus dem System der GAL durch Differentiation $\bar{x}_\nu(t)$ und damit $\bar{x}_\nu(0)$ ermitteln.

4. Unter Berücksichtigung der Anfangsbedingung $\tilde{x}_\nu(0) = -\bar{x}_\nu(0)$ und der zugeordneten DGL aus dem System der Grenzschichtfunktionen $\tilde{x}_\nu(\tau)$ bestimmen.

Von A. B. Vasiljewa wurde folgender Satz bewiesen: Die exakte Lösung des AWP (9.27), (9.28) und die nach der Methode der Grenzschichtverbesserung konstruierten Entwicklungen x_A, y_A (9.43) genügen der Abschätzung

$$|x - x_A| + |y - y_A| < C\varepsilon^{N+1}, \; t \in [0, t^*],$$

mit einer von ε unabhängigen Konstanten C.

9.5. *Nichtlineare RWP*

RWP können auf AWP zurückgeführt werden, indem man die RB am linken Rand als AB auffaßt. Da diese AB zur Charakterisierung eines AWP nicht ausreichen, vervollständigt man sie durch Einführung unbestimmter Anfangsparameter. Nun löst man dieses unvollständige AWP mit Hilfe einer Lösungsmethode für Anfangswertaufgaben. Anschließend ermittelt man die unbestimmt eingeführten Anfangsparameter aus den noch nicht berücksichtigten RB am rechten Rand. Diese Vorgehensweise bezeichnen wir als Methode des unvollständigen Anfangswertproblems.

Beispiel: Die Berechnung der Eigenfrequenzen eines Balkens führt auf das RWP

$$[EJ(x)\, u''(x)]'' - \varrho F(x)\, \omega^2 u = 0,$$

$$u(0) = u''(0) = u(l) = u'(l) = 0.$$

Zur Anwendung einer Anfangswertmethode fassen wir die RB $u(0) = u''(0) = 0$ als AB auf und vervollständigen sie durch

$$u'(0) = \alpha, \quad u'''(0) = \beta$$

mit den unbestimmten Parametern α, β. Die Lösung dieses unvollständigen AWP kann man in der Form

$$u(x) = \sum_{\nu=0}^{\infty} u_\nu(x)\, \omega^{2\nu}$$

suchen. Durch Koeffizientenvergleich in ω^2 und Ordnen nach den Anfangsparametern α, β erhält man

$$u(x) = \alpha \sum_{\nu=0}^{\infty} g_\nu(x)\, \omega^{2\nu} + \beta \sum_{\nu=0}^{\infty} h_\nu(x)\, \omega^{2\nu}$$

mit bekannten Funktionen $g_\nu(x)$, $h_\nu(x)$. Aus den noch nicht berücksichtigten RB $u(l) = u'(l) = 0$ gewinnt man hieraus ein homogenes Gleichungssystem für α, β, das nur dann von Null verschiedene Lösungen besitzt, wenn die Koeffizientendeterminante verschwindet. Diese Bedingung liefert die gesuchte Eigenwertgleichung

$$\sum_{\nu=0}^{\infty} g_\nu(l)\, \omega^{2\nu} \sum_{\nu=0}^{\infty} h_\nu{}'(l)\, \omega^{2\nu} - \sum_{\nu=0}^{\infty} h_\nu(l)\, \omega^{2\nu} \sum_{\nu=0}^{\infty} g_\nu{}'(l)\, \omega^{2\nu} = 0.$$

Bei der Ersetzung des RWP durch ein unvollständiges AWP kann man auch von den RB am rechten Rand ausgehen. Im Beispiel würden dann die AB des unvollständigen AWP

$$u(l) = 0 \quad u'(l) = 0, \quad u''(l) = \alpha, \quad u'''(l) = \beta$$

lauten. Von der Lösung des unvollständigen AWP interessieren dann die links von $x = l$ gelegenen x-Werte und die Anfangsparameter α, β werden durch die RB $u(0) = u''(0) = 0$ des linken Randes festgelegt.

Das Prinzip der Ersetzung eines RWP durch ein unvollständiges AWP soll nun auf die asymptotische Lösung des RWP

$$\varepsilon \frac{dx}{dt} = F(t, x, y),$$

$$\frac{dy}{dt} = f(t, x, y),$$

$$R[x(0),\ y(0),\ x(1),\ y(1)] = 0$$

übertragen werden. Hervorgerufen durch die Nichtlinearität von $F(t, x, y) = 0$ und der Nichtlinearität der
RB können bei nichtlinearen RWP im Vergleich zu
linearen RWP Besonderheiten auftreten, die bei der Konstruktion einer asymptotischen Lösung zu berücksichtigen
sind. Diese Besonderheiten sind von den Wurzeln der
reduzierten Gleichung $F(t, x, y) = 0$ und der Struktur der
Randbedingungen abhängig. Nehmen wir zunächst an,
daß $F(t, x, y) = 0$ eine positiv stabile Wurzel $x = \varphi(t, y)$
besitzt. In diesem Fall faßt man die RB am linken Rand
$t = 0$ als Anfangsbedingungen auf und vervollständigt
sie durch Einführung unbestimmter Parameter. Dieses
unvollständige AWP löst man mit dem im vorhergehenden Abschnitt dargelegten Algorithmus und bestimmt anschließend mit Hilfe der RB am rechten Rand $t = 1$
die eingeführten Anfangsparameter.

Hat $F(t, x, y) = 0$ eine linksstabile Wurzel, so faßt man
die rechten RB als AB auf und vervollständigt sie wie
im vorhergehenden Fall durch Einführung von Anfangsparametern. Nun löst man analog dieses unvollständige
AWP für links gelegene t Werte und ermittelt anschließend
die Anfangsparameter aus den linken Randbedingungen.

Die Bestimmung der Anfangsparameter aus den noch
nicht berücksichtigten RB erfolgt in jedem Gesamtschritt
des Algorithmus einzeln. Dabei erhält man im ersten
Gesamtschritt im allgemeinen ein nichtlineares Gleichungssystem. Von der Auflösbarkeit dieses Systems ist die
Möglichkeit der Konstruktion einer asymptotischen
Lösung auf dem eingeschlagenen Weg abhängig. Die Auflösbarkeit dieses Systems wird wesentlich durch die

Form der Randbedingungen bestimmt. Die entsprechenden Gleichungssysteme der folgenden Gesamtschritte sind stets linear mit einer von Null verschiedenen Koeffizientendeterminante.

Gelingt die Konstruktion einer asymptotischen Lösung im ersten Fall auf der Basis einer rechtsstabilen Wurzel, dann hat das RWP in Umgebung von $t = 0$ eine Grenzschicht und entsprechend im zweiten Fall auf der Basis einer linksstabilen Wurzel eine Grenzschicht am rechten Rand. Die zutreffende Möglichkeit muß durch Versuch ermittelt werden.

Hat $F(t, x, y) = 0$ mehrere rechtsstabile und linksstabile Wurzeln, so kann das RWP an beiden Intervallenden gleichzeitig eine Grenzschicht haben, und es kann auch im Innern von $[0, 1]$ eine Grenzschicht vorhanden sein. In diesen Fällen können ebenfalls über die Ersetzung des RWP durch ein unvollständiges AWP asymptotische Lösungen konstruiert werden. Hierbei wählt man als Anfangspunkt t_0 einen inneren Punkt von $[0, 1]$ und führt für alle AB unbestimmte Anfangsparameter ein, die nach der asymptotischen Lösung des unvollständigen AWP aus den linken und rechten RB zu bestimmen sind. Dabei ist zu beachten, daß die Grenzschichtfunktionen außerhalb der Grenzschicht, und demzufolge erst recht am anderen Randpunkt, vernachlässigbar klein sind. (vgl. hierzu [30], Abschnitt 15).

Zur Erläuterung betrachten wir das folgende RWP

$$\varepsilon \frac{dx}{dt} = y - x^2, \quad \frac{dy}{dt} = x,$$

$$x(0) = 0, \quad y(1) = 1.$$

Es existiert eine asymptotische Lösung von der Struktur

$$x_A(t) = \sum_{\nu=0}^{N} [\bar{x}_\nu(t) + \tilde{x}_\nu(\tau)]\, \varepsilon^\nu, \quad \tau = \frac{t}{\varepsilon},$$

$$y_A(t) = \sum_{\nu=0}^{N} [\bar{y}_\nu(t) + \tilde{y}_\nu(\tau)]\, \varepsilon^\nu,$$

wobei $\bar{x}_\nu(t)$, $\bar{y}_\nu(t)$ dem System (9.34) der GAL und $\tilde{x}_\nu(\tau)$, $\tilde{y}_\nu(\tau)$ den Grenzschichtgleichungen (9.42) genügen.

Da die Grenzschichtfunktion $\tilde{y}_\nu(\tau)$ aufgrund der Abklingbedingung am rechten Rand $t = 1$ vernachlässigbar klein ist, folgt aus den RB

$$x_A(0) = \sum_{\nu=0}^{N} \left[\bar{x}_\nu(0) + \tilde{x}_\nu(0) \right] \varepsilon^\nu = 0,$$

$$y_A(1) = \sum_{\nu=0}^{N} \bar{y}_\nu(1)\, \varepsilon^\nu = 1.$$

Zar Erfüllung dieser Bedingungen treffen wir die Festlegungen

$$\bar{x}_\nu(0) + \tilde{x}_\nu(0) = 0, \quad \bar{y}_0(1) = 1, \quad \tilde{y}_\nu(1) = 0.$$

Den Aufbau der asymptotischen Lösung des RWP nehmen wir auf der Basis der rechtsstabilen Wurzel $x = +\sqrt{y}$ vor. Demzufolge fassen wir die linke RB an der Stelle $x = 0$ als AB auf.

1. *Gesamtschritt*: Bestimmung von $\tilde{y}_0(\tau)$ $\bar{y}_0(t)$, $\bar{x}_0(t)$, $\tilde{x}_0(\tau)$. In diesem Schritt ersetzen wir die RB durch die unvollständigen AB

$$\bar{x}_0(0) + \tilde{x}_0(0) = 0, \quad \bar{y}_0(0) + \tilde{y}_0(0) = \alpha$$

mit dem unbestimmten Anfangsparameter α.

Bestimmung von $\tilde{y}_0(\tau)$. Aus (9.42) folgt

$$\frac{d\tilde{y}_0}{d\tau} = 0 \quad \text{bzw.} \quad \tilde{y}_0(\tau) - \tilde{y}_0(0) = 0.$$

Die Abklingbedingung der Grenzschichtfunktion liefert

$$\tilde{y}_0(0) = 0, \quad \tilde{y}_0(\tau) \equiv 0.$$

Bestimmung von $\bar{y}_0(t)$. Die AB lautet $\bar{y}_0(0) = \alpha - \tilde{y}_0(0)$ $= \alpha$. Aus (9.34) folgt für $\nu = 0$

$$\frac{d\bar{y}_0}{dt} = \bar{x}_0, \quad 0 = \bar{y}_0 - \bar{x}_0^2.$$

Da wir zum Aufbau einer asymptotischen Lösung die rechtsstabile Wurzel der reduzierten Gleichung $F(t, x, y) = 0$ gewählt haben, gilt $\bar{x}_0 = + \sqrt{\bar{y}_0}$. $\bar{y}_0(t)$ genügt daher dem AWP

$$\frac{\mathrm{d}\bar{y}_0}{\mathrm{d}t} = (\bar{y}_0)^{\frac{1}{2}}, \quad \bar{y}_0(0) = \alpha,$$

woraus man durch Trennung der Veränderlichen

$$\bar{y}_0(t) = \left(\frac{t}{2} + \sqrt{\alpha}\right)^2$$

erhält.

Bestimmung von $\bar{x}_0(t)$. Es ist

$$\bar{x}_0(t) = \sqrt{\bar{y}_0(t)} = \frac{t}{2} + \sqrt{\alpha}, \quad \bar{x}_0(0) = \sqrt{\alpha}.$$

Bestimmung von $\tilde{x}_0(\tau)$. Die AB lautet $\tilde{x}_0(0) = -\bar{x}_0(0) = -\sqrt{\alpha}$. Aus (9.42) folgt für $v = 0$, da $\tilde{y}_0(\tau) \equiv 0$,

$$\frac{\mathrm{d}\tilde{x}_0}{\mathrm{d}\tau} = -2\sqrt{\alpha}\,\tilde{x}_0 - \tilde{x}_0{}^2.$$

Trennung der Veränderlichen und Partialbruchzerlegung liefert

$$\tilde{x}_0(\tau) = -\frac{2\sqrt{\alpha}\,\mathrm{e}^{-2\sqrt{\alpha}\tau}}{1 + \mathrm{e}^{-2\sqrt{\alpha}\tau}}.$$

Aus der noch nichtberücksichtigten RB am rechten Rand $\bar{y}_0(1) = 1$ kann nun die Bestimmung des Anfangsparameters vorgenommen werden:

$$\bar{y}_0(1) = \left(\frac{1}{2} + \sqrt{\alpha}\right)^2 = 1, \ \alpha = \frac{1}{4}.$$

Damit wird

$$\bar{y}_0(t) = \left(\frac{t+1}{2}\right)^2, \quad \bar{x}_0(t) = \frac{t+1}{2}, \quad \tilde{x}_0(\tau) = -\frac{\mathrm{e}^{-\tau}}{1 + \mathrm{e}^{-\tau}}.$$

2. *Gesamtschritt*: Bestimmung von $\tilde{y}_1(\tau)$, $\bar{y}_1(t)$, $\bar{x}_1(t)$, $\tilde{x}_1(\tau)$. Die RB ersetzen wir durch die unvollständigen AB

$$\bar{x}_1(0) + \tilde{x}_1(0) = 0, \quad \bar{y}_1(0) + \tilde{y}_1(0) = \beta$$

mit dem unbestimmten Anfangsparameter β.

Bestimmung von $\tilde{y}_1(\tau)$. Aus (9.42) folgt für $\nu = 1$

$$\frac{\mathrm{d}\bar{y}_1}{\mathrm{d}\tau} = \tilde{x}_0 = -\frac{\mathrm{e}^{-\tau}}{1 + \mathrm{e}^{-\tau}}.$$

Integration liefert

$$\tilde{y}_1(\tau) - \tilde{y}_1(0) = -\int_0^\tau \frac{\mathrm{e}^{-\tau}}{1 + \mathrm{e}^{-\tau}}\, \mathrm{d}\tau = \ln\,(1 + \mathrm{e}^{-\tau}) - \ln 2.$$

Aus der Abklingbedingung der Grenzschichtfunktion ergibt sich hieraus

$$\lim_{\tau \to \infty} \tilde{y}_1(\tau) = \tilde{y}_1(0) - \ln 2 \ = 0, \quad \tilde{y}_1(0) = \ln 2.$$

Damit ist

$$\tilde{y}_1(\tau) = \ln\,(1 + \mathrm{e}^{-\tau}).$$

Bestimmung von $\bar{y}_1(t)$. Die AB lautet $\bar{y}_1(0) = \beta - \tilde{y}_1(0)$ $= \beta - \ln 2$. Aus (9.34) ergibt sich für $\nu = 1$ die DGL

$$\frac{\mathrm{d}\bar{y}_1}{\mathrm{d}t} = \bar{x}_1, \quad \frac{\mathrm{d}\bar{x}_0}{\mathrm{d}t} = \bar{y}_1 - 2\bar{x}_0\bar{x}_1 = \frac{1}{2}.$$

Hieraus folgt

$$\bar{x}_1 = \frac{\bar{y}_1 - \dfrac{1}{2}}{2\bar{x}_0} = \frac{\bar{y}_1 - \dfrac{1}{2}}{t + 1},$$

woraus man für $\bar{y}_1(t)$ das AWP

$$\frac{\mathrm{d}\bar{y}_1}{\mathrm{d}t} = \frac{\bar{y}_1 - \dfrac{1}{2}}{t + 1}, \quad \bar{y}_1(0) = \beta - \ln 2$$

gewinnt. Trennung der Veränderlichen liefert

$$\bar{y}_1(t) = \left(\beta - \ln 2 - \frac{1}{2}\right) t + \beta - \ln 2.$$

Damit haben wir die Möglichkeit, mit der RB $\bar{y}_1(1) = 0$ des rechten Randes den Anfangsparameter β zu bestimmen:

$$\bar{y}_1(1) = \left(\beta - \ln 2 - \frac{1}{2}\right) + \beta - \ln 2 = 0, \; \beta = \ln 2 + \frac{1}{4}.$$

Das eingesetzt ergibt

$$\bar{y}_1(t) = \frac{1 - t}{4}.$$

Bestimmung von $\bar{x}_1(t)$. Es ist

$$\bar{x}_1(t) = \frac{\mathrm{d}\bar{y}_1}{\mathrm{d}t} = -\frac{1}{4}, \quad \bar{x}_1(0) = -\frac{1}{4}.$$

Bestimmung von $\tilde{x}_1(\tau)$. Die AB lautet $\tilde{x}_1(0) = -\bar{x}_1(0)$ $= \frac{1}{4}$. Aus (9.42) folgt für $\nu = 1$

$$\frac{\mathrm{d}\tilde{x}_1}{\mathrm{d}\tau} = \tilde{y}_1 - 2g_0\tilde{x}_1 - 2g_1\tilde{x}_0 - 2\tilde{x}_0\tilde{x}_1.$$

Es ist

$$\bar{x}(\varepsilon\tau) = \bar{x}_0(\varepsilon\tau) + \varepsilon\bar{x}_1(\varepsilon\tau) + \cdots$$

$$-\frac{1}{2} + \frac{\varepsilon\tau}{2} - \frac{\varepsilon}{4} + \cdots = \frac{1}{2} + \varepsilon\left(\frac{\tau}{2} - \frac{1}{4}\right) + \cdots$$

$$= g_0 + \varepsilon g_1 + \cdots.$$

Damit ist

$$g_0 = \frac{1}{2}, \; g_1 = \frac{\tau}{2} - \frac{1}{4}.$$

Die DGL für $\tilde{x}_1(\tau)$ hat daher die Gestalt

$$\frac{\mathrm{d}\tilde{x}_1}{\mathrm{d}\tau} = \ln\left(1 + \mathrm{e}^{-\tau}\right) - \tilde{x}_1 + \frac{\tau\mathrm{e}^{-\tau}}{1 + \mathrm{e}^{-\tau}} + \frac{2\mathrm{e}^{-\tau}}{1 + \mathrm{e}^{-\tau}}\tilde{x}$$

oder

$$\frac{\mathrm{d}\tilde{x}_1}{\mathrm{d}\tau} - \frac{\mathrm{e}^{-\tau}-1}{\mathrm{e}^{-\tau}+1}\,\tilde{x}_1 = \ln\left(1+\mathrm{e}^{-\tau}\right) + \frac{\tau\mathrm{e}^{-\tau}}{1+\mathrm{e}^{-\tau}},\ \tilde{x}_1(0) = \frac{1}{4}.$$

$\tilde{x}_1(\tau)$ genügt also einem linearen AWP 1. Ordnung, auf dessen expliziter Lösung wir hier verzichten.

Die Berechnung der weiteren Glieder kann völlig analog vorgenommen werden. Unterbrechen wir hier den Lösungsalgorithmus, so haben wir für $N = 1$

$$x_A = \frac{t+1}{2} - \frac{\mathrm{e}^{-\frac{t}{\varepsilon}}}{1+\mathrm{e}^{-\frac{t}{\varepsilon}}} + \varepsilon\left[\tilde{x}_1\left(\frac{t}{\varepsilon}\right) - \frac{1}{4}\right],$$

$$y_A = \left(\frac{t+1}{2}\right)^2 + \varepsilon\left[\frac{1-t}{4} + \ln\left(1+\mathrm{e}^{-\frac{t}{\varepsilon}}\right)\right].$$

10. Anhang

10.1. Jede gewöhnliche DGL n-ter Ordnung

$$y^{(n)}(z) = f(z, y, y', \ldots, y^{(n-1)}) \qquad (10.1)$$

ist einem System von n DGL 1. Ordnung äquivalent. Zur Überführung setzt man

$$
\begin{aligned}
y &= y_1\\[4pt]
y' &= \quad y_1' = y_2\\[4pt]
y'' &= \quad y_2' = y_3\\[4pt]
y^{(n-1)} &= \quad y_{n-1}' = y_n\\[4pt]
y^{(n)} &= \quad y_n' = f(z, y_1, y_2, \ldots, y_n).
\end{aligned}
$$

Das gestrichelt eingerahmte System für die Hilfsfunktionen $y_\nu(z)$ ist dann ein (10.1) zugeordnetes System von n

DGL 1. Ordnung. Für die lineare DGL

$$y^{(n)}(z) + q_1(z)\, y^{(n-1)}(z) + \ldots + q_n(z)\, y = f(z) \quad (10.2)$$

ergibt sich in Matrixform

$$\begin{bmatrix} y_1' \\ y_2' \\ \cdot \\ \cdot \\ \cdot \\ \cdot \\ y_n' \end{bmatrix} = \begin{bmatrix} 0 & 1 & 0 & \ldots\ldots & 0 \\ 0 & 0 & 1 & \ldots\ldots & 0 \\ & & \cdot\cdot\cdot\cdot\cdot\cdot\cdot\cdot\cdot & \\ -q_1(z), & -q_2(z), & \ldots, & -q_n(z) \end{bmatrix} \begin{bmatrix} y_1 \\ y_2 \\ \cdot \\ \cdot \\ \cdot \\ \cdot \\ y_n \end{bmatrix} + \begin{bmatrix} 0 \\ \cdot \\ \cdot \\ \cdot \\ \cdot \\ 0 \\ f(z) \end{bmatrix}$$

bzw. in Kurzform

$$\boldsymbol{Y}'(z) = \boldsymbol{A}(z)\, \boldsymbol{Y} + \boldsymbol{F}(z).$$

10.2. Die Gleichung

$$\varphi(\lambda) = (-1)^n\, |\boldsymbol{A} - \lambda \boldsymbol{E}| = \begin{bmatrix} a_{11} - \lambda & a_{12} \ldots a_{1n} \\ a_{21} & a_{22} - \lambda \ldots a_{2n} \\ \cdot\cdot\cdot\cdot\cdot\cdot\cdot\cdot\cdot \\ a_{n1} \ldots a_{n,n-1} & a_{nn} - \lambda \end{bmatrix} = 0$$

bzw.

$$\varphi(\lambda) = (\lambda - \lambda_1)\, (\lambda - \lambda_2) \ldots (\lambda - \lambda_n) = 0$$

bezeichnet man als charakteristische Gleichung, die Wurzeln λ_ν als Eigenwerte und $\varphi(\lambda) = (-1)^n\, |(\boldsymbol{A} - \lambda \boldsymbol{E}|$ als charakteristisches Polynom der Matrix $\boldsymbol{A}$.

Beispiel:

$$A = \begin{bmatrix} 6 & -1 \\ 3 & 2 \end{bmatrix}, \varphi(\lambda) = \begin{vmatrix} 6 - \lambda & -1 \\ 3 & 2 - \lambda \end{vmatrix} = 0.$$

Man erhält $\varphi(\lambda) = \lambda^2 - 8\lambda + 15 = (\lambda - 3)\,(\lambda - 5) = 0$, woraus sich die Eigenwerte $\lambda_1 = 3$, $\lambda_2 = 5$ ergeben.

Satz von CAYLEY-HAMILTON: Jede quadratische Matrix $\boldsymbol{A}$ genügt ihrer charakteristischen Gleichung. Für die obige Matrix A gilt beispielsweise

$$\varphi(A) = A^2 - 8A + 15E$$

$$= \begin{bmatrix} 33 & -8 \\ 24 & 1 \end{bmatrix} - \begin{bmatrix} 48 & -8 \\ 24 & 16 \end{bmatrix} + \begin{bmatrix} 15 & 0 \\ 0 & 15 \end{bmatrix} = \begin{bmatrix} 0 & 0 \\ 0 & 0 \end{bmatrix}.$$

10.3. Blockdiagonalisierung. Bilden die Eigenwerte einer quadratischen Matrix A zwei Gruppen

$$\lambda_1, \ldots, \lambda_p \quad \text{und} \quad \lambda_{p+1}, \ldots, \lambda_n$$

mit $\lambda_\nu \neq \lambda_\mu$ für $\nu \leq p$, $\mu > p$, dann existiert eine nichtsinguläre Matrix T, so daß

$$T^{-1}AT = \begin{bmatrix} A_1 & 0 \\ 0 & A_2 \end{bmatrix}.$$

Dabei ist A_1 eine quadratische Matrix der Ordnung p mit den Eigenwerten $\lambda_1, \ldots, \lambda_p$ und A_2 eine quadratische Matrix der Ordnung $n - p$ mit den Eigenwerten $\lambda_{p+1}, \ldots, \lambda_n$. Da $\lambda_\nu \neq \lambda_\mu$, hat das charakteristische Polynom die Form

$$\varphi(\lambda) = \varphi_1(\lambda)\, \varphi_2(\lambda)$$

mit den teilerfremden Faktoren $\varphi_1(\lambda)$, $\varphi_2(\lambda)$.

Schreiben wir

$$T = [T_1, T_2],$$

dann genügen T_1, T_2 den linearen homogenen Gleichungen

$$\varphi_1(A)\, T_1 = 0, \quad \varphi_2(A)\, T_2 = 0.$$

Wegen

$$\varphi(A) = \varphi_1(A)\, \varphi_2(A) = \varphi_2(A)\, \varphi_1(A) = 0$$

sind die Spalten von $\varphi_2(A)$ Lösungen der ersten Gleichung und die Spalten von $\varphi_1(A)$ Lösungen der zweiten, d. h., T_1 kann den Spalten von $\varphi_2(A)$ und T_2 den Spalten von $\varphi_1(A)$ entnommen werden.

Beispiel:

$$A = \begin{bmatrix} 3 & 2 & 0 \\ 1 & 2 & 0 \\ 0 & 1 & 1 \end{bmatrix}, \; \varphi(\lambda) = (\lambda - 1)^2(\lambda - 4).$$

$$\varphi_1(\lambda) = (\lambda - 1)^2, \quad \varphi_2(\lambda) = \lambda - 4.$$

$$\varphi_1(A) = (A - E)^2 = \begin{bmatrix} 6 & 6 & 0 \\ 3 & 3 & 0 \\ 1 & 1 & 0 \end{bmatrix},$$

$$\varphi_2(A) = A - 4E = \begin{bmatrix} -1 & 2 & 0 \\ 1 & -2 & 0 \\ 0 & 1 & -3 \end{bmatrix}.$$

Die Matrix $\varphi_1(A)$ hat den Rang[1]) $r_1 = 1$. Das homogene System $\varphi_1(A)\,x = 0$ besitzt daher $n - r_1 = 3 - 1 = 2$ linear unabhängige Lösungen, d. h., T_1 hat 2 Spalten. Wir wählen aus $\varphi_2(A)$

$$T_1 = \begin{bmatrix} -1 & 2 \\ 1 & -2 \\ 0 & 1 \end{bmatrix}.$$

Die Matrix $\varphi_2(A)$ hat den Rang $r_2 = 2$. Demzufolge hat T_2 gemäß $n - r_2 = 3 - 2 = 1$ nur eine Spalte. Wir wählen aus $\varphi_1(A)$

$$T_2 = \begin{bmatrix} 6 \\ 3 \\ 1 \end{bmatrix}.$$

---

[1]) Verschwinden alle Unterdeterminanten der Ordnung $r + 1$ und ist mindestens eine Unterdeterminante der Ordnung r ungleich Null, dann bezeichnet man r als Rang der Matrix.

Somit hat die gesuchte Transformationsmatrix die Gestalt

$$T = [T_1, T_2] = \begin{bmatrix} -1 & 2 & 6 \\ 1 & -2 & 3 \\ 0 & 1 & 1 \end{bmatrix},$$

$$T^{-1} = \begin{bmatrix} -\dfrac{5}{9} & \dfrac{4}{9} & 2 \\ -\dfrac{1}{9} & -\dfrac{1}{9} & 1 \\ \dfrac{1}{9} & \dfrac{1}{9} & 0 \end{bmatrix}.$$

Wir erhalten die Blockdiagonalform

$$T^{-1} AT = \begin{bmatrix} 3 & -4 & 0 \\ 1 & -1 & 0 \\ 0 & 0 & 4 \end{bmatrix},$$

d. h.

$$A_1 = \begin{bmatrix} 3 & -4 \\ 1 & -1 \end{bmatrix}, \quad A_2 = 4.$$

10.4. Elementarteiler einer Matrix. Zur Bestimmung der Elementarteiler einer Matrix A berechnet man von der charakteristischen Matrix

$$[\lambda E - A] = \begin{bmatrix} \lambda - a_{11} & -a_{12} \ldots & -a_{1n} \\ -a_{21} & \lambda - a_{22} \ldots & -a_{2n} \\ \cdot \cdot \cdot & \cdot \cdot \cdot \cdot \cdot \cdot & \cdot \\ -a_{n1} & -a_{n2} \ldots & \lambda - a_{nn} \end{bmatrix}$$

alle Unterdeterminanten der Ordnung n, $n - 1$, ..., 1. Den größten gemeinsamen Teiler aller Unterdeterminanten ν-ter Ordnung bezeichnen wir durch $D_\nu(\lambda)$. Man erhält so

$$D_n(\lambda), D_{n-1}(\lambda), \ldots, D_1(\lambda).$$

Offenbar stimmt $D_n(\lambda)$ mit dem charakteristischen Polynom $\varphi(\lambda)$ überein. Nun bildet man die Quotienten

$$\psi_1(\lambda) = \frac{D_n(\lambda)}{D_{n-1}(\lambda)}, \; \psi_2(\lambda) = \frac{D_{n-1}(\lambda)}{D_{n-2}(\lambda)}, \; \ldots, \psi_n(\lambda) = \frac{D_1(\lambda)}{D_0(\lambda)}$$

mit $D_0(\lambda) \equiv 1$. Bezeichnen $\lambda_1, \lambda_2, \ldots, \lambda_s$ die voneinander verschiedenen Wurzeln der charakteristischen Gleichung $\varphi(\lambda) = 0$, dann haben die $\psi_\nu(\lambda)$ die Struktur

$$\psi_1(\lambda) = (\lambda - \lambda_1)^{\alpha_1} \ldots (\lambda - \lambda_s)^{\alpha_s}$$

$$\psi_2(\lambda) = (\lambda - \lambda_1)^{\beta_1} \ldots (\lambda - \lambda_s)^{\beta_s}$$

$$\cdots \cdots \cdots \cdots \cdots$$

$$\psi_n(\lambda) = (\lambda - \lambda_1)^{\gamma_1} \ldots (\lambda - \lambda_s)^{\gamma_s}$$

mit $\alpha_\nu > 0$ und $\alpha_\nu \geqq \beta_\nu \geqq \ldots \geqq \gamma_\nu \geqq 0$.
Die Faktoren

$$(\lambda - \lambda_k)^\delta, \; k = 1, \ldots, s, \; \delta = \alpha_1, \ldots, \gamma_s$$

bezeichnet man als Elementarteiler der Matrix A.

Beispiel.

$$A = \begin{bmatrix} 1 & 0 & 0 & 1 \\ 0 & 1 & 0 & 0 \\ 0 & 0 & 1 & 0 \\ 0 & 0 & 0 & 2 \end{bmatrix}, \; [\lambda E - A] = \begin{bmatrix} \lambda - 1 & 0 & 0 & -1 \\ 0 & \lambda - 1 & 0 & 0 \\ 0 & 0 & \lambda - 1 & 0 \\ 0 & 0 & 0 & \lambda - 2 \end{bmatrix}.$$

$$D_4(\lambda) = (\lambda - 1)^3 (\lambda - 2), \; D_3(\lambda) = \lambda - 1, \; D_2 = D_1 = 1.$$

$$\psi_1(\lambda) = \frac{D_4(\lambda)}{D_3(\lambda)} = (\lambda - 1)^2 (\lambda - 2),$$

$$\psi_2(\lambda) = \frac{D_3(\lambda)}{D_2(\lambda)} = \lambda - 1, \quad \psi_3(\lambda) \equiv \psi_4(\lambda) \equiv 1.$$

Die Elementarteiler der Matrix A sind daher

$$\lambda(\lambda - 1)^2, (- 1), (\lambda - 2).$$

10.5. Transformation auf JORDANsche Normalform. Sind die Eigenwerte $\lambda_1, \ldots, \lambda_n$ einer quadratischen Matrix A voneinander verschieden, dann existiert eine nicht-singuläre Matrix T, so daß

$$T^{-1}AT = \begin{bmatrix} \lambda_1 & & 0 \\ & \lambda_2 & \\ & & \ddots \\ 0 & & \lambda_n \end{bmatrix} = \mathrm{diag}\,(\lambda_1, \ldots, \lambda_n).$$

Man sagt auch, A sei der Diagnonalmatrix $\mathrm{diag}\,(\lambda_1, \ldots, \lambda_n)$ ähnlich. Die Transformationsmatrix T bestimmt man aus der Matrixgleichung

$$AT = T\,\mathrm{diag}\,(\lambda_1, \ldots, \lambda_n).$$

Beispiel:

$$A = \begin{bmatrix} 6 & -1 \\ 3 & 2 \end{bmatrix}.$$

Die Eigenwerte sind $\lambda_1 = 3$, $\lambda_2 = 5$. T genügt daher dem linearen homogenen Gleichungssystem

$$\begin{bmatrix} 6 & -1 \\ 3 & 2 \end{bmatrix} \begin{bmatrix} x_{11} & x_{12} \\ x_{21} & x_{22} \end{bmatrix} = \begin{bmatrix} x_{11} & x_{12} \\ x_{21} & x_{22} \end{bmatrix} \begin{bmatrix} 3 & 0 \\ 0 & 5 \end{bmatrix}.$$

Hieraus folgt

$$T = \begin{bmatrix} 1 & 1 \\ 3 & 1 \end{bmatrix}.$$

Anwendung: Zu bestimmen ist die allgemeine Lösung des homogenen Systems

$$\dot{Y}(t) = AY$$

mit einer konstanten Matrix A, deren Eigenwerte als verschieden vorausgesetzt werden. Substituiert man $Y = TZ$, so erhält man

$$T\dot{Z}(t) = ATZ$$

bzw., falls man diese Gleichung links mit T^{-1} multipliziert,

$$\dot{Z}(t) = T^{-1}ATZ.$$

Die Transformationsmatrix T legen wir nun durch

$$T^{-1}AT = \operatorname{diag}(\lambda_1, \ldots, \lambda_n)$$

fest. Dann ist

$$\dot{Z}(t) = \begin{bmatrix} \lambda_1 & & 0 \\ & \ddots & \\ 0 & & \lambda_n \end{bmatrix} Z$$

ein entkoppeltes System mit den Lösungen $z_\nu = C_\nu e^{\lambda_\nu t}$ Über $Y = TZ$ gelangt man damit zur allgemeinen Lösung des Ausgangssystems.

Beispiel.

$$\begin{bmatrix} \dot{y}_1(t) \\ \dot{y}_2(t) \end{bmatrix} = \begin{bmatrix} 6 & -1 \\ 3 & 2 \end{bmatrix} \begin{bmatrix} y_1 \\ y_2 \end{bmatrix}.$$

Mit $Y = TZ$, wobei

$$T = \begin{bmatrix} 1 & 1 \\ 3 & 1 \end{bmatrix},$$

ergibt sich das entkoppelte System

$$\begin{bmatrix} \dot{z}_1(t) \\ \dot{z}_2(t) \end{bmatrix} = \begin{bmatrix} 3 & 0 \\ 0 & 5 \end{bmatrix} \begin{bmatrix} z_1 \\ z_2 \end{bmatrix} = \begin{bmatrix} 3z_1 \\ 5z_1 \end{bmatrix}$$

mit dem Lösungsvektor

$$Z = \begin{bmatrix} z_1 \\ z_2 \end{bmatrix} = \begin{bmatrix} C_1 e^{3t} \\ C_2 e^{5t} \end{bmatrix}.$$

Die allgemeine Lösung lautet daher

$$Y = TZ = \begin{bmatrix} 1 & 1 \\ 3 & 1 \end{bmatrix} \begin{bmatrix} C_1 e^{3t} \\ C_2 e^{5t} \end{bmatrix}.$$

Sind die Eigenwerte λ_ν einer quadratischen Matrix A nicht alle voneinander verschieden, so ist A einer Diagonalmatrix von Jordan-Blöcken ähnlich. Bezeichnen wir durch

$$H = \begin{bmatrix} 0 & 1 & 0 & \ldots & 0 \\ 0 & 0 & 1 & \ldots & 0 \\ \cdot & \cdot & \cdot & \cdot & \cdot \\ 0 & 0 & 0 & \ldots & 1 \\ 0 & 0 & 0 & \ldots & 0 \end{bmatrix}$$

eine Matrix, deren Elemente oberhalb der Hauptdiagonale eins sind, dann versteht man unter einem dem Elementarteiler $(\lambda - \lambda_\nu)^\delta$ von A zugeordneten Jordan-Block den Ausdruck

$$J_\nu = \lambda_\nu E_\nu + H_\nu,$$

wobei die Ordnung des Jordan-Blocks mit der ganzen Zahl δ übereinstimmt. Ist beispielsweise $\delta = 3$, dann hat der zugeordnete Jordan-Block die Gestalt

$$J_\nu = \begin{bmatrix} \lambda_\nu & 0 & 0 \\ 0 & \lambda_\nu & 0 \\ 0 & 0 & \lambda_\nu \end{bmatrix} + \begin{bmatrix} 0 & 1 & 0 \\ 0 & 0 & 1 \\ 0 & 0 & 0 \end{bmatrix} = \begin{bmatrix} \lambda_\nu & 1 & 0 \\ 0 & \lambda_\nu & 1 \\ 0 & 0 & \lambda_\nu \end{bmatrix}.$$

Verallgemeinerung der Ähnlichkeitsformation: Besitzt A mehrfache Eigenwerte $\lambda_1, \ldots, \lambda_s$, dann existiert eine nichtsinguläre Matrix T, so daß

$$T^{-1}AT = \begin{bmatrix} J_1 & & 0 \\ & J_2 & \\ & & \ddots \\ 0 & & J_K \end{bmatrix} = \mathrm{diag}\,(J_1, \ldots, J_K),$$

wobei J_ν die den Elementarteilern von A zugeordneten Jordan-Blöcke sind. Die n^2 Elemente der Transformationsmatrix T ermittelt man aus den n^2 homogenen linearen Gleichungen

$$AT = T\,\mathrm{diag}\,(J_1, \ldots, J_K).$$

Beispiel.

$$A = \begin{bmatrix} 3 & 2 & 0 \\ 1 & 2 & 0 \\ 0 & 1 & 1 \end{bmatrix}, \quad [\lambda E - A] = \begin{bmatrix} \lambda - 3 & -2 & 0 \\ -1 & \lambda - 2 & 0 \\ 0 & -1 & \lambda - 1 \end{bmatrix}.$$

$$D_3(\lambda) = \lambda^3 - 6\lambda^2 + 9\lambda - 4 = (\lambda - 1)^2 (\lambda - 4) = \varphi(\lambda).$$

$$D_2(\lambda) \equiv D_1(\lambda) \equiv 1.$$

$$\psi_1(\lambda) = \frac{D_3(\lambda)}{D_2(\lambda)} = (\lambda - 1)^2 (\lambda - 4), \quad \psi_2(\lambda) \equiv \psi_3(\lambda) \equiv 1.$$

Die Elementarteiler von A sind daher

$$(\lambda - 1)^2, \ \lambda - 4$$

mit den zugeordneten JORDAN-Blöcken

$$J_1 = \begin{bmatrix} 1 & 1 \\ 0 & 1 \end{bmatrix}, \ J_2 = 4.$$

Die Transformationsmatrix T berechnet sich daher aus

$$\begin{bmatrix} 3 & 2 & 0 \\ 1 & 2 & 0 \\ 0 & 1 & 1 \end{bmatrix} \begin{bmatrix} x_{11} & x_{12} & x_{13} \\ x_{21} & x_{22} & x_{23} \\ x_{31} & x_{32} & x_{33} \end{bmatrix} = \begin{bmatrix} x_{11} & x_{12} & x_{13} \\ x_{21} & x_{22} & x_{23} \\ x_{31} & x_{32} & x_{33} \end{bmatrix} \begin{bmatrix} 1 & 1 & 0 \\ 0 & 1 & 0 \\ 0 & 0 & 4 \end{bmatrix}.$$

Man erhält

$$T = \begin{bmatrix} 0 & 1 & 6 \\ 0 & -1 & 3 \\ -1 & 1 & 1 \end{bmatrix}.$$

Daß die Ordnung der JORDAN-Blöcke im allgemeinen nicht mit der Vielfachheit der zugeordneten Eigenwerte übereinstimmt, erkennt man an folgendem Beispiel:

$$A = \begin{bmatrix} 1 & 0 & 0 & 1 \\ 0 & 1 & 0 & 0 \\ 0 & 0 & 1 & 0 \\ 0 & 0 & 0 & 2 \end{bmatrix},$$

$$[\lambda E - A] = \begin{bmatrix} \lambda - 1 & 0 & 0 & -1 \\ 0 & \lambda - 1 & 0 & 0 \\ 0 & 0 & \lambda - 1 & 0 \\ 0 & 0 & 0 & \lambda - 2 \end{bmatrix}.$$

$$D_4(\lambda) = (\lambda - 1)^3 (\lambda - 2), \; D_3(\lambda) = \lambda - 1,$$

$$D_2(\lambda) \equiv D_1(\lambda) \equiv 1.$$

$$\psi_1(\lambda) = (\lambda - 1)^2 (\lambda - 2), \; \psi_2(\lambda) = \lambda - 1,$$

$$\psi_3(\lambda) \equiv \psi_4(\lambda) \equiv 1.$$

Damit hat A die Elementarteiler

$$(\lambda - 1)^2, \quad \lambda - 1, \quad \lambda - 2$$

mit den zugeordneten JORDAN-Blöcken

$$J_1 = \begin{bmatrix} 1 & 1 \\ 0 & 1 \end{bmatrix}, \quad J_2 = 1, \; J_3 = 2,$$

und es gilt

$$T^{-1}AT = \begin{bmatrix} 1 & 1 & 0 & 0 \\ 0 & 1 & 0 & 0 \\ 0 & 0 & 1 & 0 \\ 0 & 0 & 0 & 2 \end{bmatrix}.$$

10.6. Begriff der Matrixfunktion. Ist A eine quadratische Matrix, dann sind auch die Potenzen A^2, A^3, usw. quadratische Matrizen der Ordnung n. Daher ist auch

$$P(A) = E + c_1 A + c_2 A^2 + \ldots + c_n A^n$$

eine quadratische Matrix der Ordnung n. Den Ausdruck $P(A)$ bezeichnet man als Matrixpolynom. In Erweiterung dieser Definition bezeichnet man den Grenzwert der n-ten Teilsumme

$$f(A) = \lim_{n \to \infty} \sum_{\nu=0}^{n} c_\nu A^\nu, \quad A^0 = E$$

als Matrixfunktion. Eine Matrixfunktion $f(A)$ ist also wie A eine quadratische Matrix der Ordnung n. Existiert dieser Grenzwert, so nennt man $f(A)$ eine in Umgebung von Null reguläre Matrixfunktion und schreibt symbolisch

$$f(A) = \sum_{\nu=0}^{\infty} c_\nu A^\nu.$$

Ersetzt man A durch die komplexe Variable z, so erhält man die $f(A)$ zugeordnete skalare Funktion $f(z)$. Ist $f(z)$ in Umgebung von $z = 0$ regulär, dann ist auch $f(A)$ in Umgebung von Null eine reguläre Matrixfunktion. Beispielsweise folgt aus

$$e^z = \sum_{\nu=0}^{\infty} \frac{z^\nu}{\nu!}$$

die Entwicklung

$$e^A = \sum_{\nu=0}^{\infty} \frac{A^\nu}{\nu!} = E + A + \frac{A^2}{2} + \cdots.$$

10.7. Eigenschaften von Matrixfunktionen.
  a. $f(T^{-1}AT) = T^{-1}f(A)\,T$.
  Anwendung: Erhebt man

$$T^{-1}AT = \operatorname{diag}(\lambda_1, \ldots, \lambda_n) = D$$

in die e-Potenz

$$e^{T^{-1}AT} = e^D,$$

so folgt mit Eigenschaft a

$$T^{-1}\,e^A T = e^D,$$

woraus durch vordere Multiplikation mit T und hintere Multiplikation mit T^{-1} die Darstellung

$$e^A = T\,e^D\,T^{-1}$$

folgt.

b.

$$f\left(\begin{bmatrix} A_1 & 0 \\ 0 & A_2 \end{bmatrix}\right) = \begin{bmatrix} f(A_1) & 0 \\ 0 & f(A_2) \end{bmatrix}.$$

Beispiel:

$$\mathrm{e}^{\begin{bmatrix} A_1 & 0 \\ 0 & A_2 \end{bmatrix}} = \begin{bmatrix} \mathrm{e}^{A_1} & 0 \\ 0 & \mathrm{e}^{A_2} \end{bmatrix}.$$

c.

$$\frac{\mathrm{d}}{\mathrm{d}z}\left[\mathrm{e}^{Af(z)}\right] = Af'(z)\,\mathrm{e}^{Af(z)}.$$

Anwendung zur Lösung linearer Systeme von DGL 1. Ordnung mit konstanten Koeffizienten:

$$\dot{Y}(t) = AY,\ Y(0) = Y_0 = \begin{bmatrix} y_{10} \\ \cdot \\ \cdot \\ y_{n0} \end{bmatrix}.$$

Wie bei einer skalaren DGL 1. Ordnung machen wir den Ansatz

$$Y = \mathrm{e}^{\Lambda t}C,\ \dot{Y} = \Lambda\,\mathrm{e}^{\Lambda t}C,\ (C\ \text{Spaltenvektor})$$

und erhalten

$$\Lambda = A.$$

Unter Berücksichtigung der Anfangsbedingung folgt schließlich die Lösung des AWP

$$Y = \mathrm{e}^{At}Y_0$$

oder mit Hilfe von Eigenschaft a

$$Y = T\mathrm{e}^{Dt}T^{-1}Y_0.$$

Beispiel.

$$A = \begin{bmatrix} 6 & -1 \\ 3 & 2 \end{bmatrix},\ \lambda_1 = 3,\ \lambda_2 = 5.$$

Aus

$$T^{-1}AT = \begin{bmatrix} 3 & 0 \\ 0 & 5 \end{bmatrix}$$

erhält man für die Transformationsmatrix

$$T = \begin{bmatrix} 1 & 1 \\ 3 & 1 \end{bmatrix}, \quad T^{-1} = \begin{bmatrix} -\dfrac{1}{2} & \dfrac{3}{2} \\ \dfrac{1}{2} & -\dfrac{1}{2} \end{bmatrix}.$$

$$Y = \begin{bmatrix} y_1(t) \\ y_2(t) \end{bmatrix} = \begin{bmatrix} 1 & 1 \\ 3 & 1 \end{bmatrix} \begin{bmatrix} e^{3t} & 0 \\ 0 & e^{5t} \end{bmatrix} \begin{bmatrix} -\dfrac{1}{2} & \dfrac{3}{2} \\ \dfrac{1}{2} & -\dfrac{1}{2} \end{bmatrix} \begin{bmatrix} y_{10} \\ y_{20} \end{bmatrix}.$$

d. $e^{A+B} \neq e^{A} e^{B}$ (im allgemeinen).

10.8. n Spaltenvektoren $Y_1(z), \ldots, Y_n(z)$ bezeichnet man als Fundamentalsystem des homogenen Systems

$$Y'(z) = A(z)\, Y, \tag{10.3}$$

wenn in einem Bereich der komplexen Variablen z die aus ihren Komponenten gebildete Determinante

$$\begin{vmatrix} y_{11} & y_{12} & \cdots & y_{1n} \\ y_{21} & y_{22} & \cdots & y_{2n} \\ \cdot & \cdot & \cdots & \cdot \\ y_{n1} & y_{n2} & \cdots & y_{nn} \end{vmatrix} \neq 0$$

ist. Dabei kennzeichnet der zweite Index den Spaltenvektor und der erste die Komponente des Spaltenvektors.

10.9. Bilden $Y_1(z), \ldots, Y_n(z)$ ein Fundamentalsystem von (10.3), dann lassen sich alle partikulären Lösungen des homogenen Systems in der Form

$$Y(z) = \sum_{\nu=1}^{n} C_\nu Y_\nu(z)$$

darstellen. Die Konstanten C_ν werden durch die AB bzw. RB festgelegt.

10.10. Kennt man ein Fundamentalsystem $Y_1(z), \ldots,$ $Y_n(z)$ **von (10.3), dann stellt**

$$Y^*(z) = \sum_{\nu=1}^{n} \alpha_\nu(z)\, Y_\nu(z)$$

eine partikuläre Lösung des inhomogenen Systems

$$Y'(z) = A(z)\, Y + F(z)$$

dar, wenn die Hilfsfunktionen $\alpha_\nu(z)$ dem Gleichungssystem

$$\begin{bmatrix} y_{11}(z), \ldots, y_{1n}(z) \\ \cdots\cdots\cdots \\ y_{n1}(z), \ldots, y_{nn}(z) \end{bmatrix} \begin{bmatrix} \alpha_1{}'(z) \\ \cdot \\ \cdot \\ \alpha_n{}'(z) \end{bmatrix} = \begin{bmatrix} f_1(z) \\ \cdot \\ \cdot \\ f_n(z) \end{bmatrix}$$

genügen. Dabei sind $f_\nu(z)$ die Komponenten des Spaltenvektors $F(z)$. Die Gesamtheit aller partikulären Lösungen des inhomogenen Systems hat dann die Darstellung

$$Y(z) = \sum_{\nu=1}^{n} C_\nu Y_\nu(z) + Y^*(z).$$

10.11. Blockdiagonalisierung. $A(z)$ sei eine in Umgebung von $z = 0$ reguläre Matrixfunktion. Bilden die Eigenwerte λ_ν der quadratischen Matrix $A(0)$ zwei Gruppen

$$\lambda_1, \ldots, \lambda_p \quad \text{und} \quad \lambda_{p+1}, \ldots, \lambda_n$$

mit $\lambda_\nu \neq \lambda_\mu$ für $\nu \leq p$, $\mu > p$, dann existiert eine Matrixfunktion $T(z)$, die neben $T^{-1}(z)$ in Umgebung von $z = 0$ regulär ist, so daß

$$T^{-1}(z)\, A(z)\, T(z) = \begin{bmatrix} B_{11}(z) & 0 \\ 0 & B_{22}(z) \end{bmatrix} \tag{10.4}$$

gilt. Dabei ist $B_{11}(z)$ eine quadratische Matrix der Ordnung p und $B_{22}(z)$ hat die Ordnung $n - p$. Weiterhin besitzt $B_{11}(0)$ die Eigenwerte $\lambda_1, \ldots, \lambda_p$ und $B_{22}(0)$ die Eigenwerte $\lambda_{p+1}, \ldots, \lambda_n$. Zur Bestimmung der Transformationsmatrix $T(z)$ bringt man die konstante Matrix $A(0)$ wie in 10.3 beschrieben zunächst in die Blockdiagonalform

$$A(0) = \begin{bmatrix} A_1 & 0 \\ 0 & A_2 \end{bmatrix},$$

wobei A_1 die Eigenwerte $\lambda_1, \ldots, \lambda_p$ und A_2 die Eigenwerte $\lambda_{p+1}, \ldots, \lambda_n$ hat. Die Matrix $A(z)$ wird dann in der Form

$$A(z) = \begin{bmatrix} A_{11}(z) & A_{12}(z) \\ A_{21}(z) & A_{22}(z) \end{bmatrix}$$

zugrundegelegt, wobei

$$A_{11}(0) = A_1, \ A_{22}(0) = A_2, \ A_{12}(0) = A_{21}(0) = 0. \qquad (10.5)$$

Setzen wir nun die Transformationsmatrix $T(z)$ in der Form

$$T(z) = \begin{bmatrix} E & T_{12}(z) \\ T_{21}(z) & E \end{bmatrix}$$

an, dann erhält man aus (10.4)

$$\begin{bmatrix} A_{11}(z) & A_{12}(z) \\ A_{21}(z) & A_{22}(z) \end{bmatrix} \begin{bmatrix} E & T_{12}(z) \\ T_{21}(z) & E \end{bmatrix}$$
$$= \begin{bmatrix} E & T_{12}(z) \\ T_{21}(z) & E \end{bmatrix} \begin{bmatrix} B_{11}(z) & 0 \\ 0 & B_{22}(z) \end{bmatrix}.$$

Nach Multiplikation dieser Matrizen ergeben sich die vier Matrixgleichungen

$$A_{11}(z) + A_{12}(z)\, T_{21}(z) = B_{11}(z), \qquad (10.6)$$

$$A_{11}(z)\, T_{12}(z) + A_{12}(z) = T_{12}(z)\, B_{22}(z), \qquad (10.7)$$

$$A_{21}(z) + A_{22}(z)\, T_{21}(z) = T_{21}(z)\, B_{11}(z), \qquad (10.8)$$

$$A_{21}(z)\, T_{12}(z) + A_{22}(z) = B_{22}(z). \qquad (10.9)$$

Setzt man in (10.7) und (10.8) die durch (10.6) und (10.9) erhaltenen Ausdrücke für $B_{11}(z)$ und $B_{22}(z)$ ein, so findet man für $T_{12}(z)$ und $T_{21}(z)$ die Bestimmungsgleichungen

$$A_{11}(z)\,T_{12}(z) + A_{12}(z) - T_{12}(z)\,A_{21}(z)\,T_{12}(z)$$
$$- T_{12}(z)\,A_{22}(z) = 0,$$

$$A_{21}(z) + A_{22}(z)\,T_{21}(z) - T_{21}(z)\,A_{11}(z)$$
$$- T_{21}(z)\,A_{12}(z)T_{21}(z) = 0. \tag{10.10}$$

Für die weitere Berechnung der $T_{12}(z)$ und $T_{21}(z)$ machen wir die Potenzreihenansätze

$$T_{12}(z) = \sum_{\nu=0}^{\infty} F_\nu z^\nu, \quad T_{21}(z) = \sum_{\nu=0}^{\infty} G_\nu z^\nu$$

mit konstanten quadratischen Matrizen F_ν, G_ν. Insbesondere ist $F_0 = T_{12}(0)$ und $G_0 = T_{21}(0)$. Aus (10.10) folgen für $z = 0$ unter Berücksichtigung von (10.5) die homogenen Matrixgleichungen

$$A_1 T_{12}(0) - T_{12}(0)\,A_2 = 0,$$

$$A_2 T_{21}(0) - T_{21}(0)\,A_1 = 0,$$

d. h., es ist $T_{12}(0) = 0$, $T_{21}(0) = 0$ bzw. die Potenzreihen für $T_{12}(z)$, $T_{21}(z)$ beginnen mit $\nu = 1$. Entwickeln wir nun die $A_{k\mu}(z)$ nach Potenzen von z

$$A_{k\mu}(z) = \sum_{\nu=0}^{\infty} A_\nu{}^{k\mu} z^\nu,$$

so gewinnt man mit Hilfe von (10.5) aus der ersten Gleichung von (10.10)

$$\sum_{\nu=1}^{\infty} A_\nu{}^{11} z^\nu \sum_{\nu=1}^{\infty} F_\nu z + \sum_{\nu=0}^{\infty} A_\nu{}^{12} z^\nu$$

$$-\sum_{\nu=1}^{\infty} F_\nu z^\nu \sum_{\nu=1}^{\infty} A_\nu{}^{21} z^\nu \sum_{\nu=1}^{\infty} F_\nu z^\nu - \sum_{\nu=1}^{\infty} F_\nu z^\nu \sum_{\nu=0}^{\infty} A_\nu{}^{22} z^\nu = 0.$$

Durch Koeffizientenvergleich in z^ν erhält man

$$A_0{}^{11}F_1 - F_1 A_0{}^{22} = -A_1{}^{12}$$

$$A_0{}^{11}F_2 - F_2 A_0{}^{22} = F_1 A_1{}^{22} - A_1{}^{11}F_1 - A_2{}^{12} = C_2$$

usw. Allgemein ergibt sich eine lineare inhomogene Matrixgleichung vom Typ

$$A_0{}^{11}F_\nu - F_\nu A_0{}^{22} = C_\nu,$$

wobei sich die Matrix C_ν aus $F_1, \ldots, F_{\nu-1}$ und den konstanten Koeffizientenmatrizen $A_\nu{}^{k\mu}$ zusammensetzt. Die Elemente der F_ν können hieraus eindeutig bestimmt werden. Entsprechend berechnet man die G_ν aus der zweiten Gleichung von (10.10). Damit ist die Berechnung der Transformationsblöcke $T_{12}(z)$, $T_{21}(z)$ abgeschlossen. Aus den linearen Matrixgleichungen können dann aus (10.6), (10.9) die Elemente von $B_{11}(z)$, $B_{22}(z)$ bestimmt werden.

Literaturverzeichnis

[1] PRANDTL, L., Über Flüssigkeitsbewegung bei sehr kleiner Reibung. Verhandlung d. III. Intern. Math. Kongr. Heidelberg 1904.

[2] SCHLICHTING, H., Grenzschichttheorie, Karlsruhe 1965.

[3] FRIEDRICHS, K. O., Asymptotische Erscheinungen in der mathematischen Physik (engl.), Bull. Amer. Math. Soc., 61 (1955).

[4] VAN DYKE, M., Methoden der Störungsrechnung in der Strömungsmechanik (russ. Übersetzung). Verlag MIR, Moskau 1967.

[5] COLE, J. D., Methoden der Störungsrechnung in der angewandten Mathematik. (russ. Übersetzung). Verlag MIR, Moskau 1972.

[6] SCHLICHTING, H., Turbulenz bei Wärmeschichtung, ZAMM, 15 (1935).

[7] ROOS, H. J., Asymptotische Lösung singulärer DGL, Diss. TH Magdeburg 1975.

[8] GOLDENWEISER, A. L., Methode zur Berechnung der Durchbiegung von Platten (russ.) PMM, Bd. 26, 1962

[9] TOBISKA, L., Asymptotische Behandlung von Wärmeströmungen. Diss. TH Magdeburg 1976.

[10] REISSNER, H., Spannungen in Kugelschalen. Müller-Breslau, Festschrift Leipzig 1912.

[11] MEISSNER, E., Elastizitätsproblem für dünne Schalen von Ringflächen-, Kugel- oder Kegelform. Phys. Z. 1913.

[12] KREMP, W., Asymptotische Berechnung des Spannungszustandes dünner Kegelschalen konstanter Dicke. Wiss. Z. TU Dresden 17 (1968).

[13] GRAMBOW, W., Asymptotische Behandlung von Relaxationsschwingungen. Diss. TH Magdeburg 1977.

[14] WENSKE, W., Der Einfluß der nichtl. dyn. Kennlinie auf Schwingungen in Antriebsanlagen. Dynamik und Getriebetechnik, Bd. C, Leipzig 1972.

[15] DUDA, A., Eine techn. Theorie der dreischichtigen Flächen-
tragwerke. Diss. TU Dresden 1976.

[16] KESSEL, U., Anwendung asympt. Methoden zur Lösung
lin. RWP. Diplomarbeit TH Magdeburg 1970.

[17] KESSEL, U., Asympt. Behandlung phys. Probleme unter
besonderer Berücksichtigung der Dreischichtplatte. Diss.
TH Magdeburg 1975.

[18] BERG, L., Asymptotische Darstellungen und Entwicklungen. Berlin 1968.

[19] SIROVICH, L., Technik der asymptotischen Analysis (engl.),
New York 1971.

[20] WASOW, W., Asymptotische Entwicklungen zur Lösung gewöhnlicher DGL (engl.) New York 1965. (russ. Übersetzung, Moskau 1968).

[21] SIBUYA, Y., Reduktion gewöhnl. lin. Systeme von DGL,
die einen Parameter enthalten (engl.) J. Fac. Sci. Univ.
Tokyo, Sect. I, 7 (1958).

[22] WENTZEL, G., Eine Verallgemeinerung der Quanten-
bedingungen für die Zwecke der Wellenmechanik, Z. Phys.
38 (1926).

[23] KRAMERS, H. A., Wellenmechanik und halbzahlige Quanti-
sierung, Z. Phys. 39 (1926).

[24] BRILLOUIN, L., Allgemeine Methode zur approximativen
Lösung der Schrödingergleichung (franz.) C. R. 183, 24
(1926).

[25] LIOUVILLE, J., Entwicklung von Funktionen in Reihen und
ihre Anwendung zur Lösung von DGL 2. Ordnung, die
einen Parameter enthalten (franz.). J. Math. Pure Appl.,
2 (1837).

[26] BLUMENTHAL, O., Über die asympt. Integration von DGL
mit Anwendung auf die Berechnung von Spannungen in
Kugelschalen. Z. Math. Phys. 1914.

[27] LANGER, R. E., Die asymptotische Lösung gewöhnlicher
lin. DGL 2. Ordnung (engl.). Trans. Amer. Math. Soc. 36
(1934).

[28] LANGER, R. E., Die asymptotische Lösung lin. DGL 2. Ordnung mit Wendepunkten (engl.). Trans. Amer. Math. Soc.,
92 (1959).

[29] IWANO, M., SIBUYA, Y., Reduktion der Ordnung lin. DGL,
die einen Parameter enthalten (engl.). Kodai math.
Seminar Reports 15 (1963).

[30] Vasiljewa, A. B., Butusow, V. F. Asymptotische Entwicklungen der Lösungen singulär gestörter DGL (russ.)
Moskau 1973.

[31] Vischik, M. I., Ljusternik, L. A., Reguläre Entartung
und Grenzschicht lin. DGL mit kleinem Parameter. (russ.).
Uspexi mat. nauk 12 (1957).

[32] Eckhaus, W., De Jager, E. M., Asympt. Lösung singulär
gestörter lin. DGL ellipt. Typs (engl.). Arch. Rat. Mech.
Anal. vol. 23 (1966) Nr. 1.

[33] Butusow, V. F., Asymptotisches Verhalten der Lösung
von $\mu^2 \Delta u - k^2(x, y)\, u = f(x, y)$ in einem Rechteckbereich
(russ.). Z. Differentialgleichungen, Verlag Wiss. und Technik, Minsk, Bd. 9 (1973).

[34] Eckhaus, W., RWP lin. ellipt. singulär gestörter DGL
(engl.). SIAM Reviews, vol. 14 (1972).

[35] Grasman, J., Über die Entstehung von Grenzschichten.
(engl.). Mathematical Centre Tracts 36. Amsterdam (1971).

[36] Besjes, J. G., Singulär gestörte Probleme lin. ellipt.
Differentialoperatoren beliebiger Ordnung (engl.). Journ.
math. anal. appl. 49 (1975) S. 24—46 und S. 324—346.

[37] Besjes, J. G., Singulär gestörte Probleme lin. parabol.
Differentialoperatoren beliebiger Ordnung. (engl.). Journ.
math. anal. appl. 48 (1974).

[38] Tichonow, A. N., Über die Abhängigkeit der Lösungen
von DGL mit einem kleinen Parameter (russ.). Mat. Sbornik 22 (64), (1948).

Sachwortverzeichnis